U0032322

天天在家玩科學

365 Science Experiments

Om Books 出版 編著

蕭秀姍、黎敏中 翻譯

許良榮教授 審訂
國立台中教育大學科學教育與應用學系

CONTENTS

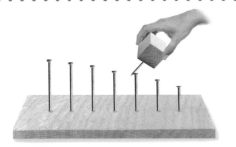

第15章　抓到你了！：科學把戲與惡作劇　186

第16章　水面之上：水實驗　191

第17章　嚇一跳：靜電原理實驗　204

標誌說明

所需時間

5分鐘

此標誌代表這項實驗包含事前準備在內大約所需的時間。

難易程度

標誌中的黑色長方形代表的是這項實驗的難度，黑色長方形愈多則愈難。

成人陪同

此標誌代表這是一項需要父母陪同進行的實驗，也就是必須要有位成人在旁隨時監督。

注意事項：本書中提到的所有活動及實驗最好都能在大人的陪同下進行。建議父母及其他陪同的大人在實驗進行中監督孩子，並協助他們使用具有難度或可能造成傷害的器材。請務必具有基本常識並謹慎小心。對於因從事本書實驗活動所造成的任何傷害，本社恕不負責。

劑量單位：　　1茶匙＝5毫升　　　　1湯匙＝15毫升　　　　1杯＝250毫升

第1章
碰！

爆炸實驗

你曾遇過兩個互不對頭的人嗎？化學物質也差不多是這樣，它們有時候會相親相愛的在一起，共同產生出第三種物質，但偶爾它們就是處不好，碰的一聲就在你手上爆炸了。

讓我們來試試一些不會造成傷害的化學爆炸實驗。但記住，化學物質仍具危險性，請**務必要有大人陪同**才能進行所有這類實驗。

1. 大象牙膏

所需時間： 10分鐘　　　難易程度： ￭￭￭

所需用具：

洗碗精

塑膠瓶

8滴藍色墨水

1/4杯（63毫升）雙氧水（30%）

3湯匙（45毫升）溫水

小杯子

1湯匙（15毫升）乾酵母粉

橡膠手套

實驗步驟：

步驟1. 戴好手套將雙氧水溶液倒進塑膠瓶中。
步驟2. 將藍色墨水加入瓶中。
步驟3. 再將洗碗精加入瓶中並混合均勻。
步驟4. 另在小杯子中混合溫水及乾酵母粉。
步驟5. 將混了酵母粉的溫水倒入塑膠瓶中，就能欣賞到泡泡冒出的情景。

 為什麼會這樣？

酵母可以當作雙氧水（過氧化氫）分解氧的催化劑。此過程發生迅速，因而產生大量的氣泡。請勿用手觸碰雙氧水，實驗的溶液請倒入馬桶中。

2. 杯子火山

所需時間： 20分鐘　　難易程度：▬▬▬

所需用具：

蠟燭　　　　燒杯　　　　冷水　　　　沙子

實驗步驟：

步驟1. 從蠟燭上剝些蠟塊放入燒杯底部。
步驟2. 將砂倒到杯子一半的高度。
步驟3. 再注入冷水至與沙子等高。
步驟4. 請大人協助將燒杯放到爐子上加熱，稍等一會兒，就可
　　　　以看見杯中噴發的蠟油。

 為什麼會這樣？
如同火山內部實際發生的情況一樣，杯中的蠟塊一旦融化成蠟油，就會造成內部壓力上升。於是蠟油會從沙裡結構較弱的點噴發出來，看起來就像真實火山爆發的情況。

3. 冒煙蛇

所需時間： 10分鐘　　難易程度：▬▬▬

所需用具：

護目鏡與手套　　100毫升硫酸　　10公克糖　　強化玻璃杯

這個實驗會產生大量熱氣，所以拿杯子的時候要小心。

實驗步驟：

步驟1. 戴上護目鏡與手套。（建議在戶外進行。）
步驟2. 將糖放入強化玻璃杯中。
步驟3. 小心將硫酸加入杯中攪拌均勻。
步驟4. 大約等10分鐘後，就可以看見一條冒煙的蛇從杯子中爬出
　　　　來了。

為什麼會這樣？
糖裡的水分被酸吸收之後形成了碳。然後這些碳隨著水汽冒出來就形成我們看到的蛇了。

4. 維蘇威火山

所需時間： 30分鐘　　難易程度：▬ ▬ ▬

所需用具：

2茶匙（10毫升）　1/2杯（125毫　　塑膠瓶　　　黏土　　　瓶子　　　5滴紅色墨水
小蘇打　　　　升）食用醋

實驗步驟：

步驟1. 將黏土繞著塑膠瓶做成火山的形狀。還可以將黏土塗成土黃色並畫上一些樹，讓它看起來
更逼真。

步驟2. 將小蘇打倒入火山口（塑膠瓶）中。

步驟3. 在另一只瓶中倒入食用醋至半滿，然後滴入紅色墨水混合。

步驟4. 再將混入紅色色素的醋倒入已經裝有小蘇打的火山口中，就可以看到火山
爆發了！

 為什麼會這樣？

小蘇打與食用醋混合反應生成碳酸，這是一種不穩定的物
質。它會分解成水及二氧化碳，進而產生泡泡。

生
活
周
遭
的
科
學

為什麼火山會爆發？

地殼之下的地層就是我們所知的
「地函」。有時在某些情況下，
地函會被加熱變成液態。當壓力
夠高時，這些液體就會尋找地殼
結構上的弱點，以紅色熾熱岩漿
的模樣噴發出來。

5. 番茄醬大爆炸

所需時間： 10分鐘　　**難易程度：** ▬▬▬

所需用具：

番茄醬　　3湯匙（45毫升）　　水　　帶蓋玻璃瓶
　　　　　小蘇打

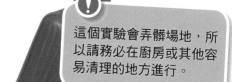

實驗步驟：

步驟1. 在玻璃瓶中混合一些番茄醬及一點點的水。

步驟2. 再將小蘇打加進瓶中的番茄醬裡。

步驟3. 輕輕關緊玻璃瓶的蓋子，並搖晃一陣子。

步驟4. 靜置，等著看它爆發。

> 這個實驗會弄髒場地，所以請務必在廚房或其他容易清理的地方進行。

💡 **為什麼會這樣？**

番茄醬中的酸與小蘇打反應生成二氧化碳。當大量的二氧化碳氣泡從番茄醬中冒出來時，就會衝開瓶蓋了。

6. 袋子炸彈

所需時間： 10分鐘　　**難易程度：** ▬▬▬

所需用具：

夾鏈袋　　3茶匙（15毫升）　　1/4杯（63毫升）　　1/2杯（125毫升）食用醋　　衛生紙
　　　　　小蘇打　　　　　溫水

> 別靠袋子太近。

實驗步驟：

步驟1. 將溫水倒入夾鏈袋中，再加入食用醋。

步驟2. 將小蘇打倒在衛生紙上包起來。

步驟3. 先將夾鏈袋的一半開口壓緊，再將包有小蘇打的衛生紙，從另一半開口放入夾鏈袋中，並將整個開口壓緊。

步驟4. 將袋子放入水槽中並遠離水槽。袋子會開始膨脹，最後像炸彈一樣爆開。

💡 **為什麼會這樣？**

小蘇打與食用醋反應會生成二氧化碳。當二氧化碳充滿整個袋子時，袋子就會爆破了。

7. 可樂噴泉

所需時間：🕐 10分鐘　　難易程度：▬▬▬

所需用具：

可樂　　　1/2包曼陀珠　　　漏斗

實驗步驟：

步驟1. 在戶外找個空曠場地。
步驟2. 將可樂立在地上並打開蓋子。
步驟3. 將漏斗插在可樂瓶口。
步驟4. 將曼陀珠經由漏斗投進瓶中後，馬上拿起漏斗離開。
步驟5. 可樂會像噴泉般噴發出來。

❗ 務必在戶外進行實驗，並且在倒入曼陀珠後盡速遠離瓶子。

💡 **為什麼會這樣？**

健怡可樂中含有會產生氣泡的二氧化碳。而曼陀珠的表面則有許多小凹洞。這代表曼陀珠的表面會有較大的面積能與健怡可樂產生反應。因此將曼陀珠丟入瓶中會加速二氧化碳的釋放，於是就造成爆發了。詳細原理可參考 QR Code 連結。

8. 麵粉炸彈

所需時間： 10分鐘　　難易程度：▬ ▬ ▬

所需用具：

有蓋的大鐵盒　　蠟燭　　1茶匙（5毫升）　　漏斗　　橡皮管　　火柴
　　　　　　　　　　　　　　麵粉

> ❗ 務必確認沒有人站在鐵盒旁，以防被爆開的蓋子打到。

實驗步驟：

步驟1. 請大人幫忙在鐵盒底部鑽個洞，把橡皮管穿過這個洞。
步驟2. 將漏斗插在鐵盒內的橡皮管口上，並將麵粉倒進漏斗中。
步驟3. 將點燃的蠟燭固定在鐵盒底部，並快速蓋上蓋子。
步驟4. 從另一端的橡皮管口快速吹氣，在碰的一聲後就會看見盒蓋被爆飛。

💡 **為什麼會這樣？**

蠟燭加熱空氣，促使空氣膨脹。當你吹氣進鐵盒，讓麵粉在瞬間著火時，會增加盒中的壓力，進而造成蓋子爆開。

9. 閃亮爆炸

所需時間： 10分鐘　　難易程度：▬ ▬ ▬

所需用具：

花瓶　　2湯匙（30毫升）小蘇打　　1/2杯（125毫升）食用醋　　托盤　　2茶匙（10毫升）藍色亮粉　　5滴紅色墨水

實驗步驟：

步驟1. 將小蘇打倒進花瓶中。
步驟2. 將花瓶置於托盤上。
步驟3. 在瓶中加進紅色墨水及亮粉。
步驟4. 再快速的倒入食用醋。
步驟5. 好好欣賞亮晶晶的爆發。

💡 **為什麼會這樣？**

小蘇打與食用醋反應會生成碳酸這個不穩定的物質。碳酸又分解成水與二氧化碳，進而產生氣泡爆發出來。

10. 海嘯

所需時間：  10分鐘　　　　**難易程度：** ▬ ▬ ▬ ▬

所需用具：

| 35釐米底片盒（含蓋子） | 黏土 | 胃藥 | 水桶 | 水 |

實驗步驟：

步驟1. 在水桶中裝滿水。
步驟2. 在底片盒四周包覆黏土並捏出火山的形狀。確認黏土重量夠重，以免底片盒從桶底浮起。
步驟3. 在底片盒中注水至1/3高度。
步驟4. 弄碎胃藥，把1/4的劑量倒入底片盒中。
步驟5. 快速蓋上底片盒蓋，並把底片盒固定在水桶底部。
步驟6. 1分鐘後底片盒蓋爆開，造成像海嘯般的海浪。

💡 **為什麼會這樣？**

底片盒中的胃藥（制酸劑）與水反應產生二氧化碳。二氧化碳讓盒中的氣壓增高，直到壓力衝開了底片盒蓋。水底的騷動將底部大量的水推升至水面，形成了小型的海嘯。

11. 袋子衝擊波

所需時間： 10分鐘　　**難易程度：** ▬ ▬ ▬

所需用具：

6顆檸檬

1茶匙（5毫升）
小蘇打

水

夾鏈袋

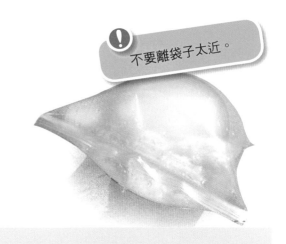

> **!** 不要離袋子太近。

實驗步驟：

步驟1. 將檸檬榨汁之後倒入夾鏈袋。

步驟2. 將小蘇打加進袋中。

步驟3. 快速的將水加入袋中並封緊袋子。

步驟4. 把袋子放進水槽靜置。

步驟5. 袋子內的溫度會變低並且爆開！

💡 **為什麼會這樣？**

檸檬中所含的檸檬酸與水及小蘇打反應後（酸鹼中和），會生成二氧化碳，並產生氣泡而讓溫度降低。二氧化碳充滿整個袋子，進而造成袋子爆開。

12. 熱冰

所需時間： 🕐 5小時　　**難易程度：** ▬ ▬ ▬

所需用具：

小平底鍋

1公升白醋

4湯匙（60毫升）
小蘇打

水

實驗步驟：

步驟1. 將醋及小蘇打緩慢的倒入平底鍋中，並攪拌均勻。

步驟2. 請大人協助將溶液加熱煮沸約1個小時，直到表面形成一層薄膜。

步驟3. 關火並立即蓋上鍋蓋。需確認溶液中沒有結晶。若有結晶，加些水及醋將其溶解。

步驟4. 將煮好的溶液放進冰箱冷卻。

步驟5. 待溶液冷卻後再從冰箱取出，此時溶液還是呈現液狀，但碰觸溶液後，溶液會立刻凝固，並釋放熱能。

💡 **為什麼會這樣？**

本實驗所創造出的物質「熱冰」醋酸鈉，在低於融點時有時依然呈現液狀。碰觸醋酸鈉溶液則會啟動結晶作用，並在過程中釋出熱能。類似實驗與詳細原理可參考QR Code連結。

13. 冒煙的熱氣

所需時間： 🕐 1小時　　　　**難易程度：** ▬▬▮

所需用具：

1杯（250毫升）糖	3杯（750毫升）硝酸鉀	小平底鍋	鋁箔紙	5公分繩子	點火器（或打火機）	石腦油

實驗步驟：

步驟1. 將繩子浸過石腦油，然後晾乾。（請小心使用及存放石腦油。）

步驟2. 將硝酸鉀與糖倒入平底鍋中，放在爐子上以小火加熱。

步驟3. 緩慢攪拌硝酸鉀與糖的混合物至幾乎呈液狀。

步驟4. 一旦混合物呈現焦黃，就要關火。

步驟5. 把混合物倒在鋁箔紙上。

步驟6. 將乾燥後的繩子插進煙霧彈中包起鋁箔紙，就成了煙霧彈。

步驟7. 讓煙霧彈冷卻並撥除鋁箔紙。用點火器點燃繩子並後退，即可看見煙霧。

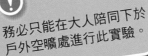

務必只能在大人陪同下於戶外空曠處進行此實驗。

💡 **為什麼會這樣？**

加熱會促使糖及硝酸鉀反應生成碳酸鉀。當碳酸鉀飄散在空氣中時，會產生「煙霧」遮住光線。硝酸鉀俗稱火硝或土硝，是黑火藥的重要原料和複合化肥，可在材料行或上網（如第一化工購物網）購買。

14. 瓶子炮

所需時間： 10分鐘　　　　**難易程度：** ▬▬▬

所需用具：

瓶口細長的　　軟木塞　　4湯匙（60毫　　1茶匙（5毫　　衛生紙　　2枝鉛筆
酒瓶　　　　　　　　　　升）食用醋　　升）小蘇打

實驗步驟：

步驟1. 將食用醋倒入瓶中，要確定瓶子放倒時醋也不會流
　　　出來。
步驟2. 將小蘇打倒在衛生紙上包起來，然後放進直立的瓶子裡。
步驟3. 快速的用塞子塞住瓶口。
步驟4. 將瓶子放倒在2枝平行的鉛筆上。
步驟5. 等著看塞子爆開！

> 務必確定塞子爆開的方向沒有人。

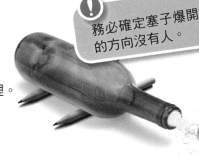

💡 **為什麼會這樣？**
食用醋與小蘇打反應生成二氧化碳。二氧化碳所造成的壓力，促使軟木塞爆開，瓶子也被往後推動。

15. 茶包火箭

所需時間： 10分鐘　　　　**難易程度：** ▬▬▬

所需用具：

茶包　　點火器（或火柴棒）　　金屬托盤　　　剪刀

實驗步驟：

步驟1. 剪開茶包頂端。
步驟2. 倒掉其中的茶葉。
步驟3. 撐開茶包讓它呈現圓柱狀。
步驟4. 將茶包放在托盤上。
步驟5. 用點火器在茶包上面點火。

> 絕對不能在有窗簾及易燃物的地方進行實驗，盡可能在戶外進行。

💡 **為什麼會這樣？**
在茶包上面點火會加熱茶包裡的空氣。我們都知道熱空氣會上升，所以非常輕的空茶包袋就會隨著熱空氣漂浮升起。

第2章

猜猜會怎樣？

化學實驗

大多數的物質並不會像上一章中的物質那般火爆，而是相當溫和並且能與其他物質和平共處。在本章中將出現，數種能相互反應進而形成另一種物質的化學物質。

雖然此章中的多數實驗不如前章節中的實驗那般具有爆破力，但請務必記住，火具有相當的危險性。所以一定要在**大人的陪同下**才能嘗試進行任何與火有關的實驗。

16. 跳跳義大利麵

所需時間： 20分鐘　　　　**難易程度：**

所需用具：

未煮過的義大利麵　　　水　　　2湯匙（30毫升）小蘇打　　　1杯（250毫升）食用醋　　　玻璃杯

實驗步驟：

步驟1. 將小蘇打放入杯中用些許水溶解，並加入食用醋。

步驟2. 將義大麵折成2~3公分的小段，並在杯子中放入約6小段的義大利麵。

步驟3. 好好欣賞在杯中上下跳躍的義大利麵吧！

 為什麼會這樣？

醋與小蘇打反應所產生的二氧化碳，會附著在義大利麵上，讓義大利麵在水裡漂浮上升。當麵條浮至水面時，附著其上的二氧化碳會釋入空氣中，於是義大利麵又沉下去了。

17. 跳舞樟腦丸

所需時間： 15分鐘　　　**難易程度：** ▬▬▬

所需用具：

4顆樟腦丸　　水　　2茶匙（10毫升）小蘇打　　1/2杯（125毫升）食用醋　　玻璃杯

實驗步驟：

步驟1. 將小蘇打放入杯中用些許水溶解。
步驟2. 在杯中加入食用醋。
步驟3. 將樟腦丸放入玻璃杯中。
步驟4. 這時樟腦丸會反覆浮至水面又往下沉。

💡 **為什麼會這樣？**

醋與小蘇打反應所產生的氣體二氧化碳，會附著在樟腦丸上，並讓它浮上水面。當附著在樟腦丸上的二氧化碳從水面逸入空氣時，樟腦丸又會沉下去了。

18. 底片盒飛彈

所需時間： 10分鐘　　　**難易程度：** ▬▬▬

所需用具：

35釐米底片盒（含蓋）　　1顆胃藥　　3湯匙（45毫升）水　　托盤

實驗步驟：

步驟1. 找一個開闊空曠的地方。
步驟2. 打開底片盒，在裡頭加水。
步驟3. 快速的將胃藥放入底片盒中並蓋緊蓋子。
步驟4. 立刻將底片盒倒置（蓋子朝下）放到托盤上。
步驟5. 約10秒後，底片盒就會發射到空中。

❗ 離火箭遠一點。

💡 **為什麼會這樣？**

水與胃藥（制酸劑）反應所產生的二氧化碳增加了底片盒中的壓力。壓力增加至底片盒無法負荷時，就會造成底片盒爆衝。這也就是火箭能在太空或是大氣層中推進的原理。

19. 自製冰淇淋

所需時間： 30分鐘　　　　**難易程度：** ▬▬▬

所需用具：

| 小型夾鏈袋 | 大型夾鏈袋 | 1/2杯（125毫升）牛奶 | 1/2杯（125毫升）鮮奶油 | 1/4杯（63毫升）糖 | 1/4茶匙（1.25毫升）香草精 | 3/4杯（188毫升）鹽巴 |

| 2杯（500毫升）冰塊 | 保麗龍杯 | 隔熱手套 |

> 沒戴手套就不能碰袋子，因為袋子的溫度會降至對身體組織有害的程度。

實驗步驟：

步驟1. 將糖、牛奶、鮮奶油與香草精倒入小型夾鏈袋中混合。
步驟2. 將冰塊放進大型夾鏈袋中。
步驟3. 在冰塊中加入鹽巴。
步驟4. 將小型夾鏈袋放進大型夾鏈袋中，並牢牢封緊。
步驟5. 戴上隔熱手套抓住大型夾鏈袋上方，將袋子搖來搖去。
步驟6. 就這樣搖晃約15分鐘。
步驟7. 將小型夾鏈袋中的東西置入保麗龍杯中，就可以享用化學冰淇淋了。

 為什麼會這樣？
在冰中加鹽會降低冰的冰點，為了到達冰點，冰就會吸走糖、牛奶、鮮奶油與香草精混合液中的熱量，造成混合液結凍形成冰淇淋。

20. 製造氧氣

所需時間： 20分鐘　　　　**難易程度：** ▬▬▬

所需用具：

100毫升雙氧水（3%）　2湯匙（30毫升）酵母粉　小型帶蓋玻璃罐　牙籤　燃燒的蠟燭

> ！小心火燭，沒有大人陪同絕對不能點火。

實驗步驟：

步驟1. 將雙氧水倒入玻璃罐中。
步驟2. 再倒入酵母粉並蓋上蓋子。
步驟3. 當罐中開始冒出泡泡時，點燃一根牙籤。
步驟4. 待牙籤上的火焰熄滅時，打開玻璃罐的蓋子，將沒有火焰但仍悶燒的牙籤移至罐子口。
步驟5. 牙籤上的火焰又會重新燃起。

💡 **為什麼會這樣？**

酵母粉與雙氧水反應生成氧氣，而氧氣為燃燒所需的物質。於是當牙籤放進罐子時，原本已經熄滅但仍悶燒的牙籤遇到氧氣就會重新點燃。

21. 錢幣變綠了

所需時間： 1天　　　　**難易程度：** ▬▬▬

所需用具：

衛生紙　盤子　1湯匙（15毫升）鹽　3湯匙（45毫升）食用醋　銅幣（一元硬幣）　碗

實驗步驟：

步驟1. 將衛生紙摺成厚厚一疊。
步驟2. 在碗中混合鹽與食用醋，接著放入衛生紙浸泡。
步驟3. 將浸泡後的衛生紙取出鋪在盤子上。
步驟4. 把錢幣放入衛生紙中包起來。
步驟5. 第二天檢視錢幣的變化。它們應該已經變成綠色了！

💡 **為什麼會這樣？**

銅與空氣中的二氧化碳反應生成綠色的碳酸銅。此反應通常費時較久，加入醋及鹽巴就會加快反應速度。

22. 廚房指示劑

所需時間： 25分鐘　　　**難易程度：**

所需用具：

| 半顆紫甘藍菜 | 保鮮盒 | 水 | 篩網 | 1湯匙（15毫升）小蘇打 | 刀子 | 玻璃杯 |

實驗步驟：

步驟1. 請大人協助將紫甘藍剁碎放入水中煮沸。
步驟2. 煮沸並充分攪拌後，靜置浸泡15分鐘。
步驟3. 一旦放涼就用篩網濾掉紫甘藍，將紫色的甘藍菜水溶液置於保鮮盒中。
步驟4. 將甘藍菜水溶液倒入玻璃杯中並加入小蘇打。
步驟5. 注意顏色的變化！

💡 **為什麼會這樣？**

紫甘藍中的花青素是天然的酸鹼指示劑，加入鹼性的小蘇打，會使紫色的水變成綠色。

23. 化學花園

所需時間： 1小時　　　**難易程度：**

所需用具：

| 玻璃果醬罐 | 水 | 水玻璃（矽酸鈉） | 金屬結晶鹽 |

倒出水玻璃時，小心不要把結晶鹽弄碎了。

實驗步驟：

步驟1. 在罐子中倒入1/3罐高的水玻璃。
步驟2. 再注入水至約8分滿。
步驟3. 丟幾顆金屬結晶鹽進去（例如：硫酸銅、硝酸鉛、硫酸鋁、氯化亞鐵等等）。
步驟4. 將罐子放在穩固的桌面上。
步驟5. 約1個小時後，你會發現裡頭的結晶鹽「正在長大」。
步驟6. 當化學花園長到你滿意的程度時，就可以用水替換掉瓶子中溶液。

💡 **為什麼會這樣？**

金屬鹽與水玻璃會反應生成色澤美麗的凝結物。實驗後的廢棄液，務必倒入回收桶處裡，不可隨意倒掉，以免造成汙染！詳細原理可參考QR Code連結。

24. 冒泡泡的顏料

所需時間： 10分鐘　　　　**難易程度：**

所需用具：

| 6茶匙（30毫升）小蘇打 | 2湯匙（30毫升）食用醋 | 各色墨水 | 調色盤 |

實驗步驟：

步驟1. 在調色盤的格子中倒入約等量的醋。
步驟2. 將不同顏色的墨水分別加1滴或數滴在不同的調色格中。
步驟3. 在調色格中，各加入1茶匙（5毫升）小蘇打。
步驟4. 這樣就可以看到冒著泡泡的顏料了。

 為什麼會這樣？

醋及小蘇打反應生成二氧化碳，這就是冒泡泡的原因。

25. 變色馬鈴薯泥

所需時間： 30分鐘　　　　**難易程度：**

所需用具：

| 碘液 | 盤子 | 水 | 馬鈴薯 |

實驗步驟：

步驟1. 請大人協助煮熟馬鈴薯並搗成泥。
步驟2. 將馬鈴薯泥放在盤子中，並加入2滴碘液。
步驟3. 觀察碘液顏色從咖啡色轉成紫藍色。

 為什麼會這樣？

馬鈴薯含有一種稱為「澱粉」的化學物質。當碘液接觸到澱粉，就會變成藍色。碘液可至材料行或上網購買。

26. 酸

所需時間： 25分鐘　　　　難易程度： ▬▬▬

所需用具：

| 半顆紫甘藍菜 | 水 | 篩網 | 2湯匙（30毫升）小蘇打 | 2顆檸檬 | 3只碗 | 刀子 |

實驗步驟：

步驟1. 請大人協助用刀子將紫甘藍菜剁碎，放入水中煮沸後關火。

步驟2. 靜置浸泡15分鐘，偶爾攪動一下。

步驟3. 待放涼用篩網過濾掉甘藍菜，留下甘藍菜水溶液。

步驟4. 在一只碗裡倒些甘藍菜水溶液並擠些檸檬汁混合，碗裡的液體會變成粉紅色。

步驟5. 在另一只碗裡將甘藍菜水溶液與小蘇打混合，碗裡的液體會變成綠色。

步驟6. 取第三只碗將前面兩種溶液混合。

步驟7. 你會發現原本粉紅色及綠色的溶液混合後變成了紫色。

 為什麼會這樣？

當檸檬酸（酸性）與小蘇打（鹼性）混合時，會產生酸鹼中和的反應。於是原本粉紅色溶液（酸性）與綠色溶液（鹼性）混合後，又會產生另一種紫色溶液（中性）。

27. 彩色化學物質

所需時間： 20分鐘　　**難易程度：** ▪▪▪

所需用具：

半顆紫甘藍菜　　水　　篩網　　1顆檸檬　　玻璃罐　　刀子

實驗步驟：

步驟1. 請大人協助用刀子將紫甘藍菜剁碎，放入水中煮沸後關火。
步驟2. 步驟1溶液攪拌均勻後，靜置浸泡15分鐘。
步驟3. 待放涼即可用篩網過濾掉甘藍菜，留下甘藍菜水溶液。
步驟4. 將甘藍菜水溶液倒在玻璃罐中並擠些檸檬汁混合。
步驟5. 觀察顏色變化。

 為什麼會這樣？
甘藍中的花青素與檸檬中的檸檬酸反應後變成粉紅色。

28. 快速生鏽

所需時間： 2小時　　**難易程度：** ▪▪▪

所需用具：

鋼絨刷　玻璃杯　水　3湯匙（45毫升）食用醋　45毫升漂白水　橡膠手套

取用漂白水時要小心，記得戴上橡膠手套。

實驗步驟：

步驟1. 將鋼絨刷放進玻璃杯中。
步驟2. 將水倒進杯中至半滿。
步驟3. 再將食用醋及漂白水倒入杯中。
步驟4. 2個小時後，鋼絨刷上就會生成一層鐵鏽了！

 為什麼會這樣？
當鐵與水氣及氧結合時就會生鏽。所以鋼絨刷中的鐵與漂白水中的氧結合就會生鏽了。

29. 生鏽

所需時間： 2天　　　　難易程度：

所需用具：

試管　　　　　水　　　　2茶匙（10毫升）　　量杯　　　　鋼絨刷　　　　剪刀
　　　　　　　　　　　　　　食用醋

實驗步驟：

步驟1. 用剪刀從鋼絨刷剪下一小塊鋼絨。

步驟2. 將醋及水混合，在鋼絨上沾些醋與水。

步驟3. 將鋼絨塞進試管底部。

步驟4. 在量杯中裝水。

步驟5. 將試管倒立放進量杯中。

步驟6. 將量杯與試管靜置2天。就可以看到鋼絨絲生鏽且試管中的水位也上升了。

生活周遭的科學

為什麼東西會生鏽？

鏽是化合物氧化鐵（Fe_2O_3）的通稱。鐵（Fe）很容易與空氣中的氧結合，所以自然界很少看到純鐵。當鐵（或鋼）與氧產生反應時，就會形成紅色的氧化鐵。

 為什麼會這樣？

醋會加速生鏽的過程。生鏽會消耗氧，所以當試管中的氧氣被消耗掉後，管中的氣壓就會下降，量杯中的水就會被吸入試管中了。

第3章

黏TT

噁心小實驗

做完這個章節的實驗，差不多就做完包括假鼻涕、假嘔吐物及假爛泥巴等等的所有黏稠噁心的東西了。此外還可以做出發霉的橘子。不過在進行這些實驗時，盡量不要搞得一團亂，不然你可能會被爸媽罰站哦！

來吧！如果你敢的話，那就開始吧！

30. 瘋狂橡皮泥

所需時間： 15分鐘　　　難易程度：▬ ▬ ▬

所需用具：

碗　　　　水　　　　膠水　　1湯匙（15毫升）　湯匙
　　　　　　　　　　　　　　硼砂

實驗步驟：

步驟1. 將膠水倒進碗裡。
步驟2. 加入等量的水並用湯匙攪拌。
步驟3. 加入硼砂攪拌混合。
步驟4. 這些東西很快就會混在一起，變成橡皮泥的樣子。

💡 **為什麼會這樣？**

當膠水與硼砂在水中混合時，會產生反應形成一個巨大的分子。這個新的化合物吸取大量的水分後，成了一種可以用手擠壓的物質或甚至具有彈性的東西。

31. 流沙

所需時間： 20分鐘　　　　難易程度：▯▮▯

所需用具：

1杯（250毫升）玉米粉　　　小水盆　　　木湯匙　　　1/2杯（125毫升）水

實驗步驟：

步驟1. 將玉米粉倒進水盆中，慢慢的將水加入並持續攪拌。

步驟2. 將玉米漿攪拌至如蜂蜜般黏稠為止。

步驟3. 若是慢慢來回的攪拌玉米漿，它就會呈現液狀。但若是快速攪拌，玉米漿則會變成固狀。

步驟4. 當玉米漿呈現固狀時，試著在玉米漿中丟入一些東西，然後觀察東西慢慢沒入其中。

生活周遭的科學

流沙

真正的流沙與我們做出的假流沙，作用方式極為相像。當一般的沙因為水而溼透時，沙與沙之間的摩擦力會下降，就會變成流沙了。被困在流沙中時，要放鬆，這樣身體才能快決浮起。

💡 **為什麼會這樣？**

快速攪拌濃稠的玉米漿時，玉米漿會變成固狀。這是因為玉米粉顆粒之間缺乏水分，難以相互滑動。若是慢慢攪拌玉米漿，水就可以進入玉米粉顆粒之間，讓它們更容易互相滑動。

32. 假鼻涕

所需時間： 10分鐘　　　　難易程度：▬▬▬▬

所需用具：

叉子　　　耐熱玻璃杯　3茶匙（15毫　1/4杯（63毫　熱開水　　綠色墨水
　　　　　　　　　　　　升）吉利丁粉　升）玉米糖漿

實驗步驟：

步驟1. 請大人幫忙準備熱開水，在耐熱玻璃杯中注入半杯高的熱開水。

步驟2. 加入吉利丁粉，待吉利丁軟化後，再用叉子攪拌。

步驟3. 加入玉米糖漿與綠色墨水。

步驟4. 再攪拌一下。這樣看起來很像鼻涕吧？

 為什麼會這樣？

黏液主要是由糖及蛋白質所構成。這也就是用來製造假鼻涕的材料。當假鼻涕被拉起來時，可以看到一條一條長長的東西，那就是蛋白質鏈。

33. 爛泥巴

所需時間： 10分鐘　　　　難易程度：▬▬▬▬

所需用具：

碗　　　1/4杯（63毫　1/4杯（63毫　6滴綠色　1/4杯（63毫　湯匙
　　　　　升）膠水　　升）液態澱粉　墨水　　　升）水

實驗步驟：

步驟1. 將全部的水倒進碗裡。

步驟2. 加入膠水並混合均勻。

步驟3. 再加入綠色墨水。

步驟4. 接著加進液態澱粉並攪拌。

步驟5. 假的爛泥巴就大功告成了！

 為什麼會這樣？

膠水是由細小的鏈所構成，液態澱粉會協助這些細鏈聚合在一起，產生黏黏的感覺。

34. 紙花盆

所需時間： 2天　　　　難易程度：

所需用具：

報紙　　　　大塑膠箱　　　　篩網　　　馬鈴薯搗碎器　　　熱水　　　塑膠杯

實驗步驟：

步驟1. 將報紙撕成小片放進裝熱水的大塑膠箱中，泡到隔天。

步驟2. 取出報紙瀝乾多餘水分，用搗碎器壓碎。

步驟3. 把報紙搗成紙漿後，填滿塑膠杯。

步驟4. 再將紙漿從塑膠杯倒到篩網上，瀝乾多餘水分。

步驟5. 接著在塑膠杯外圍糊一層瀝乾的紙漿，然後放在窗台上晾乾。

步驟6. 2天後再把晾乾的紙漿從塑膠杯上整個取下來。

步驟7. 然後在外圍畫上漂亮的圖案，就成了可以種東西的紙花盆！

 為什麼會這樣？

紙漿吸水後，更容易塑成花盆狀。而紙花盆在乾燥後就會維持形狀了。

35. 牛奶塑膠

所需時間： 2天　　　　難易程度：▬▬▬

所需用具：

1湯匙（15毫升）　　濾網　　　熱牛奶　　餅乾模型　　杯子
食用醋

實驗步驟：

步驟1. 將1湯匙（15毫升）食用醋倒在1杯熱牛奶中攪拌均勻。

步驟2. 將牛奶倒進濾網中過濾，會留下白色的塊狀固體。

步驟3. 等塊狀固體放涼後，用餅乾模型把它壓成自己喜歡的形狀，再風乾大約2天就完成了。

> ❗ 請勿飲用實驗中的牛奶，或吃下做出的牛奶塑膠。

 為什麼會這樣？

實驗做出的是一種稱為「酪蛋白」的蛋白質。牛奶中的酪蛋白一接觸到醋中的酸就會結塊，這樣就容易塑形了。

36. 發霉橘子

所需時間：🕐 2週　　　　難易程度：▬▬▬

所需用具：

橘子　　　　棉球　　　夾鏈袋　　橡膠手套

> ❗ 拿取發霉的橘子時一定要戴手套，也不要去吃或去聞發霉的地方。

實驗步驟：

步驟1. 將橘子通風放置1天。

步驟2. 把橘子放進有溼棉球的夾鏈袋中。

步驟3. 封好夾鏈袋並放置在溫暖潮溼的地方。

步驟4. 2個星期後取出夾鏈袋觀察。

步驟5. 你會發現橘子上出現毛茸茸的小球。

 為什麼會這樣？

那些毛茸茸的小球叫做「霉」，是一種在溫暖潮溼處會快速成長的真菌類。

37. 麵包芽孢

所需時間： 3～5天　　**難易程度：**

所需用具：

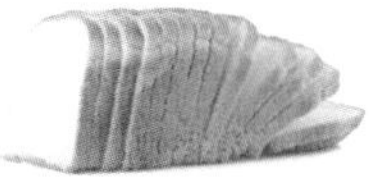
麵包

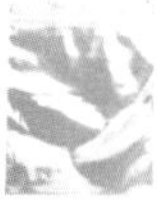
夾鏈袋

牛奶紙盒

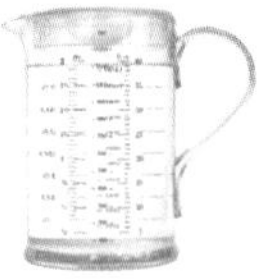
5滴水

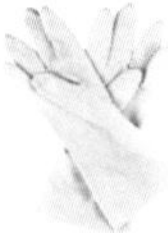
橡膠手套

拿取發霉的麵包時要小心，也不要去聞發霉的地方。

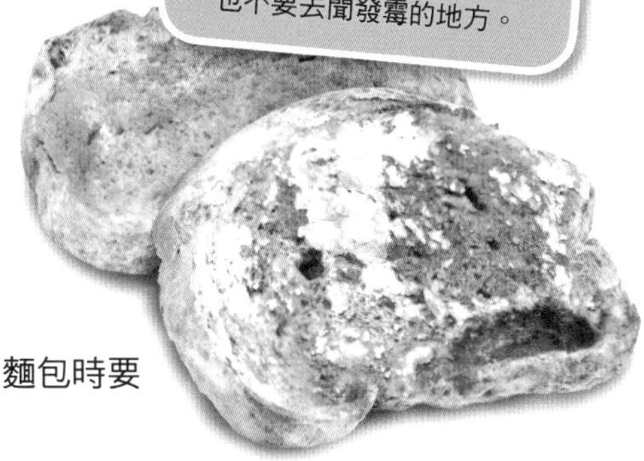

實驗步驟：

步驟1. 將水滴在麵包上。
步驟2. 再將麵包放入夾鏈袋中封好塞進牛奶紙盒裡。
步驟3. 3～5天後打開看看麵包上各色各樣的黴菌孢子。記得取出麵包時要戴橡膠手套。

為什麼會這樣？

溼麵包具有適合發霉的環境，因此會讓孢子發芽長霉。

38. 養細菌

所需時間： 3天　　**難易程度：**

所需用具：

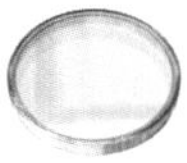
培養皿

吉利丁粉

棉花棒

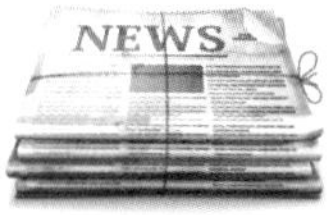

報紙

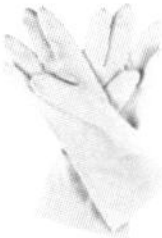
橡膠手套

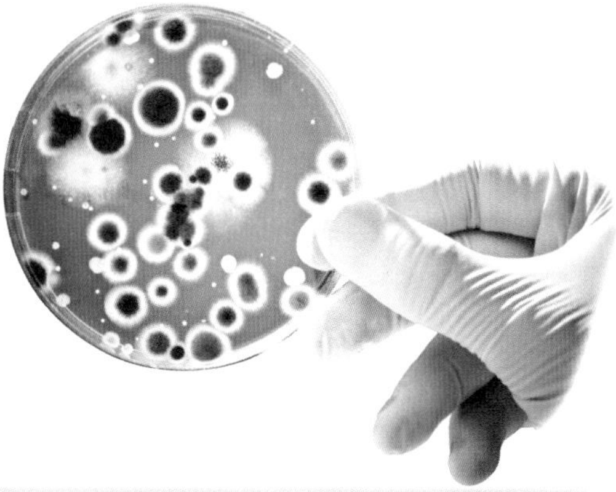

實驗步驟：

步驟1. 請大人幫忙將吉利丁粉加入熱水中，等它結塊後攪拌均勻。將吉利丁溶液倒入培養皿中並待其凝結。
步驟2. 用棉花棒在家裡蒐集灰塵。
步驟3. 再用棉花棒在培養皿裡抹一下，並蓋上培養皿的蓋子。
步驟4. 將培養皿放在溫暖處3天。
步驟5. 戴上手套取出培養皿，觀察培養皿中細菌生長的情況。
步驟6. 觀察後用報紙將培養皿包起來，再丟進垃圾桶中。

為什麼會這樣？

溫暖潮溼的環境最適合細菌生長。

39. 跳舞的黏糊糊

所需時間： 15分鐘　　　**難易程度：** ▬ ▬ ▬

所需用具：

| 音響喇叭 | 2杯（500毫升）玉米粉 | 淺烤盤 | 顏料 | 水 |

實驗步驟：

步驟1. 將玉米粉倒在烤盤上。
步驟2. 用水攪拌玉米粉到玉米粉呈現蜂蜜般的濃稠狀。
步驟3. 在粉漿上加入不同的顏料。
步驟4. 把烤盤放在音響喇叭上，並大聲播放音樂。
步驟5. 緊握烤盤的邊緣，就可以觀看黏糊糊跳舞了！

 為什麼會這樣？

聲音是由空氣振動所產生。當有振動時，質地特殊的黏糊糊就會自己跳起舞來。

40. 漿糊

所需時間： 25分鐘　　　**難易程度：** ▬ ▬ ▬

所需用具：

| 1杯（250毫升）麵粉 | 1/2杯（125毫升）水 | 玻璃罐 | 湯匙 | 報紙 | 刷子 |

實驗步驟：

步驟1. 將麵粉及水倒入玻璃罐中混合。
步驟2. 用力攪拌5分鐘。
步驟3. 將混合攪拌而成的麵粉糊用刷子刷在報紙上，將報紙對摺靜置15分鐘晾乾，就會黏起來了。

 為什麼會這樣？

麵粉與水混合會產生化學反應，而其中的水分蒸發後，裡面的麵粉成分會讓紙黏在一起。

41. 自製黏泥

所需時間： 20分鐘　　　**難易程度：**

所需用具：

| 1茶匙（5毫升）硼砂 | 1湯匙（15毫升）膠水 | 杯子 | 碗 | 6湯匙（90毫升）水 | 湯匙 | 橡膠手套 |

實驗步驟：

步驟1. 將硼砂與5湯匙（75毫升）的水在碗中混合，用湯匙攪拌至溶解。

步驟2. 另將膠水與剩下1湯匙（15毫升）的水在杯子中混合。

步驟3. 在杯子中加入2湯匙（30毫升）混合好的硼砂水，用湯匙攪拌。

步驟4. 一旦杯子裡的混合物開始結塊，就戴上手套將它取出放在手上揉捏約2分鐘。

步驟5. 接著就可以好好玩這種自製黏泥了。

💡 **為什麼會這樣？**

硼砂將膠水的分子聚合在一起就會變成固狀。當分子緊密結合時，黏泥就會像固體，但若分子之間鬆散時，黏泥就會像液體。

---

42. 發光的黏糊糊

所需時間： 15分鐘　　　**難易程度：**

所需用具：

| 1茶匙（5毫升）硼砂 | 1/2杯（125毫升）膠水 | 1.5杯（375毫升）溫水 | 1/2湯匙（8毫升）螢光粉 | 2只碗及打蛋器 | 橡膠手套 |

實驗步驟：

步驟1. 將硼砂與1杯（250毫升）溫水倒入碗中混合。

步驟2. 將螢光粉加入硼砂水中。

步驟3. 另將膠水與剩下的水用打蛋器攪打均勻。

步驟4. 戴上手套將2種溶液倒在一起攪拌混合。

步驟5. 瀝乾多餘水分，就可以好好玩玩這種發光的黏糊糊了。

💡 **為什麼會這樣？**

當膠水與硼砂在水中混合時，它們會反應生成一種可以吸收大量水分的巨大分子。加入螢光粉則會讓上述混合物發光。

43. 彈力球

所需時間： 30分鐘　　　　難易程度： ▬▬▬

所需用具：

| 1/2茶匙（3毫升）硼砂 | 1湯匙（15毫升）玉米粉 | 1湯匙（15毫升）膠水 | 2湯匙（30毫升）溫水 | 各色墨水 | 湯匙 | 2個塑膠容器 |

實驗步驟：

步驟1. 將硼砂與水倒在容器中，再加入墨水。

步驟2. 用湯匙攪拌至硼砂溶解。

步驟3. 另將膠水與剛做好的硼砂水與玉米粉倒在另一個容器中混合攪拌。

步驟4. 將上述混合物靜置約15秒，然後再攪拌到無法攪動的黏稠狀為止。

步驟5. 把它從容器中取出，用手塑成球形。這就成了可以任意玩耍的彈力球了。

💡 **為什麼會這樣？**

硼砂與膠水會反應生成一種分子鏈，當你將這些分子鏈拿起來時，它們還會聚合在一起。就是玉米粉將這些分子聚集在一起，讓它們得以維持形狀。

44. 假的嘔吐物

所需時間： 15分鐘　　　　　**難易程度：** ▃▃▃

所需用具：

| 蘋果醬 | 葡萄乾 | 燕麥片 | 1湯匙（15毫升）吉利丁粉 | 平底鍋 | 湯匙 | 烤盤 |

實驗步驟：

步驟1. 將吉利丁粉與蘋果醬在平底鍋中以小火煮到完全溶解。

步驟2. 再加入一些燕麥及葡萄乾用湯匙攪拌。

步驟3. 關火，停止加熱。

步驟4. 將平底鍋中的東西倒在烤盤上鋪平放涼，就成了很像嘔吐物的東西。

步驟5. 如果你膽子夠大的話，可以把它吃掉。

 為什麼會這樣？

蘋果醬加熱時會比冷卻時要來得稀，而燕麥及葡萄乾則是讓成品更像嘔吐物裡的塊狀東西。

45. 綠球

所需時間： 30分鐘　　　　　**難易程度：** ▃▃▃

所需用具：

| 1湯匙（15毫升）硼砂 | 1杯（250毫升）水 | 膠水 | 綠色墨水 | 夾鏈袋 | 小保麗龍球 | 橡膠手套 | 2只碗 |

實驗步驟：

步驟1. 在碗中將硼砂與1/2杯（125毫升）的水混合。

步驟2. 在另一只碗中將膠水與1/4杯的水混合，並加入綠色綠色墨水。

步驟3. 將步驟1及2中做出的2種溶液倒進夾鏈袋中，但不要搓揉混合。

步驟4. 在夾鏈袋中放進小保麗龍球。

步驟5. 封緊夾鏈袋，並用手揉捏直到裡頭的東西混合均勻。

步驟6. 戴上手套取出夾鏈袋裡的東西，並整成自己想要的形狀。

 為什麼會這樣？

當膠水與硼砂在水中結合時，會產生巨大的分子。而保麗龍球能夠協助它維持形狀。

第4章
正在煮什麼？

廚房實驗

你知道廚房裡有許多東西可以拿來替代科學實驗中的化學物質嗎？我們的周遭處處都是科學。

我打賭你一定不知道用檸檬就可以做出電池。在本章中，你會學到要怎麼做。

除非你想自己跑腿去買，不然就要記得在用完家裡的醋時要跟爸爸媽媽說一聲喔！

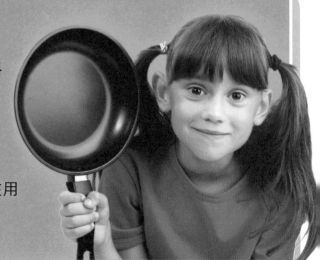

46. 熱肥皂

所需時間： 5分鐘　　　　　**難易程度：** ▬▬▬

所需用具：

肥皂　　　　　　微波爐　　　　　　微波爐專用盤

實驗步驟：

步驟1. 將肥皂放在微波爐專用盤上。
步驟2. 放入微波爐中微波2～5分鐘。
步驟3. 觀察肥皂漲大的現象。

> ❗ 肥皂在微波時要隨時注意情況。

💡 為什麼會這樣？

肥皂被加熱時，不只會軟化，還會加熱到肥皂裡的空氣與水分。水分會蒸發而空氣會膨脹。膨脹的空氣會擴張軟化的肥皂，產生出泡泡。

47. 熱冰淇淋

所需時間： 🕐 2小時　　難易程度： ▬ ▬ ▬

所需用具：

3顆蛋	1/4茶匙（1.25毫升）塔塔粉	1/4茶匙（1.25毫升）鹽	1/2茶匙（2.5毫升）香草精	1杯（250毫升）糖	冰淇淋	餅乾

烤盤	打蛋器	碗	烤箱

實驗步驟：

步驟1. 將蛋白與蛋黃分離，並分別置於2只碗中。
步驟2. 在蛋白裡加入塔塔粉、鹽與香草精。
步驟3. 用打蛋器攪打蛋白。
步驟4. 將1湯匙（15毫升）的糖分散的加入蛋白中。
步驟5. 持續攪打蛋白至發泡。
步驟6. 將餅乾兩兩等距擺放在烤盤上。
步驟7. 放一小坨冰淇淋在每片餅乾上。
步驟8. 將打好的發泡蛋白蓋在冰淇淋上。
步驟9. 將冰淇淋餅乾放入烤箱以攝氏110度烘烤。
步驟10. 1個小時後取出，即可享用熱騰騰的冰淇淋了。

💡 為什麼會這樣？

塔塔粉是酸性的。當它受潮時會釋放出二氧化碳，而打蛋時也會產生氣泡。發泡蛋白中的糖在加熱後會變硬，因此可以留住發泡蛋白中的空氣。而空氣的導熱效果不佳，所以能夠保護冰淇淋不會受到烤箱的高溫影響。

48. 吉利丁掛飾

所需時間： 2天　　　　難易程度：▪▬▬

所需用具：

12湯匙（180毫升）吉利丁粉

餅乾模

墨水

烤盤

木湯匙

吸管

小平底鍋

20湯匙（300毫升）水

實驗步驟：

步驟1. 將水、墨水與吉利丁粉倒在小平底鍋中，以小火煮至濃稠後關火。

步驟2. 將湯汁倒到烤盤中，並用湯匙移除泡泡。

步驟3. 將湯汁靜置放涼45分鐘。

步驟4. 小心將吉利丁從烤盤中取出。

步驟5. 在吉利丁還有彈性時，用餅乾模切出不同的形狀。

步驟6. 用吸管在各種形狀的吉利丁上打洞，並放置1～2天晾乾。

步驟7. 接著你就可以將它們串起來當作掛飾了。

💡 **為什麼會這樣？**

吉利丁在加熱時會溶於水，但冷卻時就會凝固。所以當吉利丁溶液冷卻後，就會形成半固體的膠狀物。

49. 色彩交響樂

所需時間： 10分鐘　　　　**難易程度：**

所需用具：

各色墨水

托盤

全脂牛奶

5滴洗碗精

烤盤

實驗步驟：

步驟1. 在托盤倒入一層薄薄的牛奶。
步驟2. 將數滴不同顏色的墨水滴在牛奶的不同位置中。
步驟3. 將洗碗精滴到有加墨水的地方。
步驟4. 觀察顏色的擴散。

💡 **為什麼會這樣？**

洗碗精會分解脂肪。將洗碗精滴在托盤的牛奶中，會分解牛奶裡的脂肪。這個現象發生時會導致顏色擴散。另一方面，洗碗精與牛奶的表面張力差異，使顏色擴散更為快速。

50. 變色果汁

所需時間： 10分鐘　　　　**難易程度：**

所需用具：

紫葡萄汁

1顆檸檬

2茶匙（10毫升）小蘇打粉

3只玻璃杯

實驗步驟：

步驟1. 將紫葡萄連皮榨汁倒入3只玻璃杯中。
步驟2. 將幾滴檸檬擠汁加進其中一只玻璃杯中。注意觀察果汁的顏色從紫色變到紅色！
步驟3. 在另一只玻璃杯中，倒入小蘇打粉與葡萄汁混合。觀察果汁的顏色從紫色變成綠色。

💡 **為什麼會這樣？**

葡萄汁可以用來顯示物質的酸鹼度。酸性的檸檬及鹼性的小蘇打都會讓它變成不同的顏色。

51. 銀蛋

所需時間： 15分鐘　　　　**難易程度：**▬▬▬▬

所需用具：

生蛋　　　蠟燭　　　1杯水　　　　鐵夾　　　　隔熱手套

實驗步驟：

步驟1. 點燃蠟燭，戴好手套，用鐵夾夾住蛋，放在蠟燭的火焰中烤至蛋殼焦黑。
步驟2. 將焦黑的蛋放進一杯水中。
步驟3. 觀察焦黑的部分會消失，蛋變得閃閃發亮。

💡 **為什麼會這樣？**

焦黑處的碳不親水，並且會在蛋的表面留住一層薄薄的空氣。焦黑部分下的空氣層會讓蛋像是鍍上一層銀那樣。

52. 澱粉

所需時間： 數小時　　　　**難易程度：**▬▬▬▬

所需用具：

馬鈴薯　　　　手帕　　　　　水　　　　　碗　　　　　刀子

實驗步驟：

步驟1. 將馬鈴薯切成小塊包在手帕中。
步驟2. 將包有馬鈴薯的手帕浸到裝滿水的碗中。
步驟3. 拿起手帕並擠壓。
步驟4. 不斷的將包有馬鈴薯的手帕浸水再拿起擠壓，直到碗中的水變色為止。
步驟5. 將碗靜置在陽光下幾個小時讓水分蒸發。
步驟6. 最後留在碗中的物質就是所謂的澱粉。

💡 **為什麼會這樣？**

像馬鈴薯這類食物含有大量的澱粉，是我們身體能夠迅速獲得能量的一種來源。

53. 溼軟的蛋

所需時間： 7天　　　難易程度： ▬ ▬ ▬

所需用具：

生蛋

碗

食用醋

實驗步驟：

步驟1. 將蛋放在碗中浸滿醋。
步驟2. 靜置1星期後取出瀝乾。
步驟3. 就成了可以玩的橡皮蛋。
步驟4. 不過請小心，不要打破外層膜。

💡 **為什麼會這樣？**

鈣是讓蛋殼具有硬度的元素，而酸性的醋會分解蛋殼中的鈣。不過蛋殼內部還有一層彈性薄膜能維持住蛋的形狀。

54. 蛋泡泡

所需時間： 10分鐘　　　難易程度： ▬ ▬ ▬

所需用具：

耐熱玻璃罐（杯）

熱水

生蛋

實驗步驟：

步驟1. 小心將蛋放入耐熱玻璃罐（杯）中。
步驟2. 小心的在罐中倒熱水至半滿。
步驟3. 將罐子靜置在桌面上。
步驟4. 你會看到細小的泡泡從蛋冒到水面上。

💡 **為什麼會這樣？**

蛋在鈍端有一個介於蛋殼與蛋白間的「氣室」。氣室中的空氣被加熱會膨脹，並試著找路徑逸出蛋殼外。

55. 空氣清新劑

所需時間： 2小時　　　**難易程度：** ▬▬▬

所需用具：

4湯匙（60毫升）吉利丁粉　　水　　15滴香精油　　墨水　　1湯匙（15毫升）鹽　　小玻璃罐

實驗步驟：

步驟1. 將1杯（250毫升）水倒入鍋子中煮沸，並將吉利丁粉溶在水中。
步驟2. 關火並加入1杯（250毫升）冷水攪勻。
步驟3. 加入香精油、墨水與鹽，並攪拌均勻。
步驟4. 將其倒進小玻璃罐中蓋好蓋子放入冰箱冷藏。
步驟5. 約2小時後取出分裝放在屋裡四周就可以聞到它的香味。

❗ 使用火爐時一定要請大人幫忙。

💡 **為什麼會這樣？**

吉利丁是一種聚合物，它的矩陣結構有助維持住它的形狀。香精油的顆粒則會懸浮在這個結構中。當膠狀吉利丁蒸發時，香精油的香味分子也會跟著散逸到空氣中。市售膠狀空氣清新劑也是利用相同做法製成。

56. 釣冰塊

所需時間： 15分鐘　　　**難易程度：** ▬▬▬

所需用具：

冰塊　　　　線　　　　鹽　　　玻璃杯

實驗步驟：

步驟1. 將1顆冰塊放進玻璃杯中。
步驟2. 垂放一條線到杯子中，並確保線有觸及冰塊表面。
步驟3. 在線與冰塊的接觸面灑鹽，接著倒入少許的水。
步驟4. 2分鐘後用線拉起冰塊。

💡 **為什麼會這樣？**

鹽溶化時會降低水的冰點，造成接觸到鹽的冰融成水。當鹽開始結晶時，線周遭的水會再次結冰，使得冰塊黏在線上。

57. 水果電池

所需時間： 15分鐘　　難易程度：

所需用具：

萊姆（或檸檬）　銅釘與鋅釘各1個　小燈泡　電工膠帶　絕緣電線

實驗步驟：

步驟1. 將萊姆用手擠壓一下但不要弄破果皮。
步驟2. 將銅釘與鋅釘插進萊姆中，兩釘之間間隔約5公分。
步驟3. 剪下2段電線，並除去電線兩端約3公分的絕緣外包膜，露出裡頭的金屬線。將2條電線的一端分別繞在2顆釘子頂端，並且用電工膠帶把電線跟釘子固定在一起。
步驟4. 將一條電線的一端繞在燈泡下方金屬部位的側邊，另一條電線的一端接在燈泡下方金屬部位的底部。
步驟5. 觀察燈泡是否會發亮。

 為什麼會這樣？

萊姆或檸檬這類水果因為含有酸性物質所以會導電，而萊姆與釘子間存有電位差，於是形成電流。

58. 鹽冰實驗

所需時間： 30分鐘　　難易程度：

所需用具：

2只玻璃杯　鹽　水

實驗步驟：

步驟1. 在2只玻璃杯中倒入約7分滿的水。
步驟2. 在其中一杯裡加鹽攪拌並且做記號。
步驟3. 同時將2杯水放入冰箱中的冷凍庫中。
步驟4. 每10分鐘檢查一次2杯水的情況，看看哪一杯先結冰。
步驟5. 你會注意到鹽水結冰的時間比一般水還要長。

 為什麼會這樣？

在水中加鹽會降低水的冰點，比起一般的水，要讓同溫度的鹽水結冰所需的時間較長。

59. 飄浮的蛋

所需時間： 10分鐘　　　　難易程度：▬▬▬

所需用具：

| 2顆生蛋 | 6湯匙（90毫升）鹽 | 水 | 2只玻璃杯（至少300毫升容量） |

實驗步驟：

步驟1. 在125毫升的水中加6湯匙鹽。

步驟2. 接著再加入125毫升的水，請注意不要攪拌。

步驟3. 在另一只杯中倒入250毫升的水。

步驟4. 輕輕的將2顆蛋分別放入2只玻璃杯中。在半鹽水的杯中，蛋不會沉到杯底，反而會浮在杯子中間。

生活周遭的科學

含鹽的海水

在海中會比在游泳池裡容易浮起來，這是因為海水裡含鹽。事實上，像死海的含鹽量就高到讓很多東西沉不下去！

💡 **為什麼會這樣？**

濃度較高的鹽水會留在玻璃杯下方。而蛋在鹽水中會比在一般自來水中更容易浮起來。所以蛋會沉入自來水中，直到碰到下方的鹽水又會浮起來。

60. 彩蛋

所需時間： 🕐 2小時　　**難易程度：** ▬▬▬

所需用具：

黃洋蔥皮　　　　平底鍋　　　　蛋　　　　水

實驗步驟：

步驟1. 在鍋中注入1/4滿的水，並放入數顆黃洋蔥的皮。
步驟2. 將水煮沸後把火轉小，熬煮5分鐘。接著關火放涼30分鐘。
步驟3. 將蛋放入煮過洋蔥皮的黃色水中煮沸。
步驟4. 水一煮沸就將火轉小。
步驟5. 熬煮20分鐘，蛋就會變黃。

💡 **為什麼會這樣？**

將洋蔥皮加熱，會讓洋蔥皮裡的色素釋出。而將蛋放入煮過洋蔥皮的黃色水中，則會讓水中的色素染到蛋上。

61. 跳舞的葡萄乾

所需時間： 🕐 10分鐘　　**難易程度：** ▬▬▬

所需用具：

玻璃罐　　5顆葡萄乾　　3/4杯（188毫升）食用醋　　2茶匙（10毫升）小蘇打粉　　水

實驗步驟：

步驟1. 在玻璃罐裡注入約7分滿的水。
步驟2. 在罐中加入醋及小蘇打粉。
步驟3. 接著放5顆葡萄乾到罐中。
步驟4. 葡萄乾很快就會在罐子中浮浮沉沉，開始「跳起舞來」。

💡 **為什麼會這樣？**

醋及小蘇打反應會生成二氧化碳，它附著到葡萄乾表面，會讓葡萄乾浮起來。一旦浮到水面，附著在葡萄乾表面的二氧化碳就會散逸到空氣中，於是葡萄乾再度下沉。

62. 壓扁蛋

所需時間： 1週　　　　難易程度： ▃▃▃

所需用具：

生蛋　　　針　　　玻璃杯　　　食用醋

實驗步驟：

步驟1. 在蛋的兩端各打一個直徑0.5公分的小洞。

步驟2. 將針穿入其中一個洞，把裡頭的蛋黃攪破。

步驟3. 將蛋的一端擦拭乾淨，並從這一端的小洞吹氣，讓蛋液從另一端流出去。要確定蛋液完全流出。

步驟4. 將剩下的蛋殼完全浸泡在1杯醋中，靜置1星期。

步驟5. 1星期後，把蛋殼裡的醋擠出來；這時蛋殼應該會變得柔軟易壓。

步驟6. 把蛋殼壓一壓就會扁掉，再將它放在兩手之間丟一丟、彈一彈就會回復原來的形狀。

 為什麼會這樣？

醋裡的醋酸會溶解蛋殼裡的鈣，讓蛋殼失去硬度。當你去壓蛋殼時，薄膜裡面的空氣就會從小洞中逸出。而當你把壓扁的蛋在手中丟來丟去就會使空氣再度進到薄膜中，讓蛋回復原來的形狀。

63. 來電玉米泥

所需時間： 15分鐘　　**難易程度：** ▪▪▪

所需用具：

| 3湯匙（45毫升）玉米粉 | 3湯匙（45毫升）植物油 | 氣球 | 湯匙 | 杯子 |

實驗步驟：

步驟1. 在杯中混合攪拌植物油與玉米粉直到如同重奶油般的質地。

步驟2. 把氣球吹大，並放在頭髮上摩擦。

步驟3. 用湯匙舀些許步驟1的混合物往氣球靠近。你會發現混合物變得更為濃稠，並且會往氣球的方向「靠近」。

💡 **為什麼會這樣？**

用氣球摩擦頭髮會讓氣球帶有正電荷，使得玉米粉中的澱粉分子受到氣球吸引。

64. 紅蘿蔔染布

所需時間： 2小時　　**難易程度：** ▪▪▪

所需用具：

| 紅蘿蔔 | 玻璃碗 | 小平底鍋 | 濾網 | 水 | 布 | 刀子 |

實驗步驟：

步驟1. 將紅蘿蔔切絲放到小平底鍋中。

步驟2. 加水煮沸1個小時，若中途水煮乾了再加水。

步驟3. 用濾網濾掉紅蘿蔔絲，留下湯汁在玻璃碗中。接著再將要做為染劑的湯汁倒回鍋中。

步驟4. 將布一同放進平底鍋中煮沸約10分鐘。

步驟5. 取出已染色的布，並掛起晾乾。

💡 **為什麼會這樣？**

熱會將紅蘿蔔中的色素分離到水中，再將帶有色素的水與布一起加熱，就會讓色素染在布上。

65. 閃亮糖粉

所需時間：🕐 10分鐘　　難易程度：◾◼◼

所需用具：

方糖　　　　　　鉗子

實驗步驟：

步驟1. 把方糖拿到暗室中。
步驟2. 用鉗子壓碎。
步驟3. 就可以看到藍綠色閃亮的小顆粒。

💡 **為什麼會這樣？**

當糖結晶碎掉時，有時會造成某一邊的正電荷多於另一邊。所以當你壓碎方糖時，就是把其中的正電荷與負電荷分開。這會釋出足夠的能量，造成閃閃發亮的情況。

66. 隱形滅火器

所需時間：🕐 10分鐘　　難易程度：◾◼◼

所需用具：

4茶匙（20毫升）　蠟燭　　2茶匙（10毫　　杯子　　火柴（或打火
小蘇打粉　　　　　　　　升）食用醋　　　　　　　機）

實驗步驟：

步驟1. 在杯中混合小蘇打粉與醋，並靜置不要搖晃或動到杯子。
步驟2. 等步驟1的混合物不再起泡後，用火柴棒點燃蠟燭。
步驟3. 把杯子拿近蠟燭的火焰，蠟燭的火焰就會神奇的熄滅了。

💡 **為什麼會這樣？**

小蘇打與食用醋會反應生成二氧化碳。火焰需要氧氣才能燃燒，所以當你將二氧化碳「倒」在蠟燭的火焰上時，火焰接觸不到氧氣就會熄滅了。

67. 油醋混混樂

所需時間：10分鐘　　　難易程度：

所需用具：

3茶匙（15毫　　　3茶匙（15毫　　　3茶匙（15毫　　　3只玻璃杯　　　鹽
升）芥末醬　　　　升）食用醋　　　升）植物油

實驗步驟：

步驟1. 將醋、油、芥末醬與一小撮鹽倒在一只玻璃杯中混合。
步驟2. 在第二只玻璃杯中混合醋、芥末醬與一小撮鹽。混合後再加入油。
步驟3. 在第三只玻璃杯中將油、醋與一小撮鹽混合。
步驟4. 觀察哪一杯混合得最均勻。

 為什麼會這樣？

油與醋需藉由芥末醬才能混合在一起，因此在第一杯中，油會在醋中形成小泡泡。在第二及第三杯中，油與醋並沒有混合。實驗時，請注意每杯中的油、醋、芥末醬的使用量都是3茶匙。

 ## 68. 水果火球

所需時間：10分鐘　　　難易程度：

所需用具：

蠟燭　　　　　柳橙皮　　　　火柴（或打火機）
　　　　　　（或橘皮）

實驗步驟：

步驟1. 首先點燃蠟燭。
步驟2. 在蠟燭旁拿著橙皮擠汁。
步驟3. 當柳橙皮的汁液噴到火焰上時，蠟燭會突然爆出驚人的火花。

在蠟燭旁擠汁時要小心，手絕對不可以太靠近火焰。

 為什麼會這樣？

柳橙皮中含有可燃性油的成分，被擠壓噴出來接觸到火焰就會燃燒。

第 5 章
磁力魔術

磁力原理實驗

我猜你以前一定玩過磁鐵,但你可能不知道,第一個發現磁鐵的人是三千多年前一位名為梅格尼斯的窮苦牧羊人!

所有磁鐵都具有北極與南極。所謂的異性相吸在磁鐵上也適用。磁鐵的北極只會被其他磁鐵的南極吸引,並與其他磁鐵的北極互相排斥。

磁鐵的另一個有趣特性是當磁鐵被懸掛起來時,其北極一定指著北方(地理位置的北極是地磁的南極)!

69. 磁力風箏

所需時間: 🕐 15分鐘　　　　**難易程度:** ▬ ▬ ▬

所需用具:

| 紙 | 迴紋針 | 線 | 膠帶 | 剪刀 | 馬蹄形磁鐵 | 桌子 |

實驗步驟:

步驟1. 剪一個長寬各7公分的風箏型紙片。在其中一角別上迴紋針。
步驟2. 在紙片對角用膠帶黏一條線。
步驟3. 用膠帶將線的另一端黏在桌子上。
步驟4. 將磁鐵靠近迴紋針,觀看風箏「飛起」。

💡 **為什麼會這樣?**

磁鐵具有磁場,是種可以吸引某些金屬的無形力量。在磁場內的金屬物質無需碰觸到磁鐵就會受到磁力的吸引。

70. 油裡撈釘

所需時間： 🕐 10分鐘　　　　**難易程度：** ▬ ▭ ▭

所需用具：

磁鐵

瓶子

5根釘子

植物油

實驗步驟：

步驟1. 在瓶子內注入適當高度的油，並把釘子丟進去。

步驟2. 拿個磁鐵放在瓶子外。

步驟3. 觀察釘子在油中被磁力吸引的移動情況。

💡 **為什麼會這樣？**

磁鐵的磁力可以穿透瓶子與油。

71. 指北極

所需時間： 🕐 10分鐘　　　　**難易程度：** ▬ ▬ ▭

所需用具：

長條形磁鐵

繩子

指南針

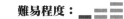

實驗步驟：

步驟1. 拿繩子在磁鐵中心處綁一圈。提起繩子將磁鐵懸空。

步驟2. 等待磁鐵靜止不動。

步驟3. 拿指南針來對照看看磁鐵的哪一極會指向地磁北極（也就是地球的地理南極），這一邊就可以標示為磁鐵的「南極」。磁鐵的南極一直都會受到地磁北極（地理南極）的吸引。

步驟4. 不論何時把磁鐵懸吊起來，磁鐵的「南極」都會指向地磁北極（地理南極）。

💡 **為什麼會這樣？**

每個磁鐵的其中一端為北極，另一端為南極。磁鐵的北極都會受到地磁南極（地理北極）的吸引，反之亦然。

72. 自製電磁場

所需時間： 15分鐘　　　　　　　　**難易程度：** ▂▂▆

所需用具：

| 粗鐵釘 | 電池 | 漆包線 | 迴紋針 | 剪刀 |

實驗步驟：

步驟1. 在漆包線的一端預留10公分的長度後，將接下來的漆包線繞在釘子上。漆包線盡量不要重疊。

步驟2. 在漆包線繞釘子後的另一端也留下10公分的長度後剪斷。

步驟3. 刮除漆包線兩端約3公分左右的外漆。將裸露出來的銅線兩端分別接在電池兩端。

步驟4. 將釘子的尖頭處靠近一些迴紋針，釘子會吸起這些迴紋針！（請注意：電池與鐵釘通電時，手會覺得熱熱燙燙的，若覺得過熱時就趕緊放下手中的電池與鐵釘。）

💡 **為什麼會這樣？**

電流通過電線時會重新排列釘子裡分子的分布狀況，因而產生磁效應，吸住某些金屬。

73. 自製指南針

所需時間： 🕐 10分鐘　　　　**難易程度：** ▬▬▬

所需用具：

鉛筆　　　　　　線　　　　　　大縫衣針　　　　　長條形磁鐵

實驗步驟：

步驟1. 將縫衣針放在磁鐵的一端摩擦數次。
步驟2. 如圖所示，將針用線吊掛在鉛筆上。
步驟3. 拿著吊著針的鉛筆四處走動，可以觀察到針指向地磁北極（地理南極）！

💡 **為什麼會這樣？**

將針放在磁鐵上摩擦，會讓針變成如磁鐵般帶有磁性。

74. 鉛筆指南針

所需時間： 🕐 10分鐘　　　　**難易程度：** ▬▬▬

所需用具：

馬蹄形磁鐵　　　　黏土　　　　　鉛筆

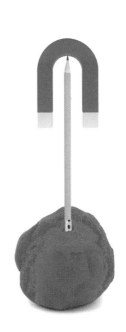

實驗步驟：

步驟1. 把黏土揉成一團。
步驟2. 將鉛筆的筆尖朝上，平的一端插入黏土中。
步驟3. 將磁鐵放在筆尖上擺平衡，它自己會停在朝向南北方的位置。

💡 **為什麼會這樣？**

磁鐵的一極稱為北極，另一極則是南極。磁鐵北極都會被地磁南極（地理北極）所吸引。

75. 飛天迴紋針

所需時間： 🕐 10分鐘　　　難易程度：▬▬▬

所需用具：

鹽

彩色粉筆粉

塑膠瓶

馬蹄形磁鐵

迴紋針

實驗步驟：

步驟1. 將等量的彩色粉筆粉與鹽倒進瓶子中。
步驟2. 加入數枚迴紋針並搖晃瓶子。
步驟3. 將磁鐵靠近瓶子，迴紋針會往磁鐵的所在位置跳過去！

 為什麼會這樣？

金屬物會被磁鐵所吸引，但鹽及粉筆粉不會。迴紋針之所以會從鹽及滑石粉中「跳」出來，就是因為只有金屬會被磁鐵吸引。

76. 迴紋針畫筆

所需時間： 🕐 15分鐘　　　難易程度：▬▬▬

所需用具：

紙盤

長條形磁鐵

迴紋針

廣告顏料

實驗步驟：

步驟1. 將不同顏色的廣告顏料擠到紙盤上。
步驟2. 將數枚迴紋針放在紙盤上。
步驟3. 將磁鐵放在盤子下，牽引迴紋針在顏料上滑動。

 為什麼會這樣？

迴紋針會受到磁鐵的吸引。當你移動磁鐵時，迴紋針就會跟著移動，變成金屬「畫筆」。

77. 熱磁鐵

所需時間： 🕐 25分鐘　　　　**難易程度：** ▪▪▫

所需用具：

大縫衣針　　　　指南針　　　　長條型磁鐵　　　　鉗子

實驗步驟：

步驟1. 用長條型磁鐵磁化縫衣針。做法：將針放在磁鐵上以同方向摩擦幾次就能造成磁化。
步驟2. 拿針靠近指南針，可以觀察到指南針會移動。
步驟3. 用鉗子夾著針放在熱火爐上烤。
步驟4. 烤約20分鐘（或直接放到烤箱中烤）。
步驟5. 接著關掉火爐，並將針靠近指南針，結果沒有任何反應。

為什麼磁鐵會失去磁力？

我們可以想像磁鐵是由一堆指向同一方向的小小粒子所構成。當你加熱磁鐵時，小小的磁粒子會相互碰撞不再排列整齊，於是磁力就消失了。

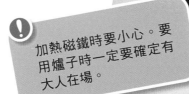

⚠ 加熱磁鐵時要小心。要用爐子時一定要確定有大人在場。

 為什麼會這樣？
第一次將縫衣針靠近指南針時，因為針已經被磁化，所以能讓指南針移動。但加熱之後的縫衣針，因為喪失了磁力，就對指南針沒有作用了。

78. 玉米片裡的小黑點

所需時間：🕐 15分鐘　　　　難易程度：▪▬▬

所需用具：

玉米片

碗與湯匙

長條形磁鐵

白紙

實驗步驟：

步驟1. 用湯匙在碗中把玉米片壓碎到呈粉末狀。
步驟2. 將粉狀玉米片倒在白紙上。
步驟3. 拿磁鐵在粉狀玉米片上方游移。
步驟4. 磁鐵應該會吸出小小的黑色粒子。
步驟5. 這些就是玉米片中確實存在的小小鐵粒子！

💡 **為什麼會這樣？**
人體也需要攝取少量的鐵。它也具有磁性，所以會受到磁鐵吸引。

79. 磁極

所需時間：🕐 10分鐘　　　　難易程度：▪▬▬

所需用具：

鐵屑

馬蹄形磁鐵

白紙

實驗步驟：

步驟1. 將磁鐵放在紙上。
步驟2. 將鐵屑灑在磁鐵周圍。
步驟3. 找看看哪裡的鐵屑最多。
步驟4. 多數鐵屑都會被磁鐵的兩極吸引。

💡 **為什麼會這樣？**
每個磁鐵都具有磁場或磁力範圍。磁場或磁力最強的地方就在磁鐵的兩極。

80. 讀取信用卡

所需時間： 10分鐘　　難易程度：━━━

所需用具：

舊信用卡　　　生鏽鐵釘　　　砂紙

實驗步驟：

步驟1. 用砂紙在鐵釘上磨些鐵鏽下來。
步驟2. 將鐵鏽倒在信用卡的磁條上。
步驟3. 拍除多餘的鐵鏽。在均勻的白光下觀察磁條。
步驟4. 鐵鏽裡的一些黑色粒子會附在磁條上。

💡 **為什麼會這樣？**
信用卡的磁條就是利用磁性來儲存資料，所以磁條會帶有磁力。鐵鏽中的黑色粒子中含鐵，所以會受到磁條吸引。

81. 往上爬

所需時間： 10分鐘　　難易程度：━━━

所需用具：

長條形磁鐵　　刮鬍刀片　　瓦楞紙板　　膠帶　　剪刀

實驗步驟：

步驟1. 將紙板的底部折起來用膠帶貼好，讓它可以斜立著。
步驟2. 將刀片放在紙板前方底部。
步驟3. 將磁鐵放在紙板後靠近刀片，把磁鐵上移，刀片就會爬上紙板了。

 為什麼會這樣？
磁力能夠穿過像紙板這類無磁性材質產生作用。

82. 來自外太空

所需時間： 30分鐘　　難易程度：▬▬▬▬

所需用具：

長條形磁鐵　　　　紙　　　　　罐子

實驗步驟：

步驟1. 從家裡各處蒐集灰塵放進罐中。

步驟2. 將灰塵倒到紙張上。

步驟3. 把磁鐵放在紙的下方。輕拍紙張讓灰塵集中在磁
鐵上方。

步驟4. 在不動磁鐵的情況下傾斜紙片，應該會看到有些灰塵粒子受到磁鐵吸引。

💡 **為什麼會這樣？**

地球每天都會產生好幾噸的灰塵及碎屑。大部分會消失在大氣中，但自然界還是會有一些帶有磁性的灰塵及碎屑存留下來。

83. 磁力賽車

所需時間： 15分鐘　　難易程度：▬▬▬▬

所需用具：

2台玩具車　　　橡皮筋　　長條形磁鐵

實驗步驟：

步驟1. 用橡皮筋將磁鐵綁在2台玩具車底下。

步驟2. 一輛車的磁鐵北極擺在車尾處，而另一輛車的磁鐵北極則要擺在車頭處。

步驟3. 將2輛車前後排成一排，觀察後車是否能在不碰觸到前車的情況下「推」它前進。

💡 **為什麼會這樣？**

磁鐵的同極會互斥。

84. 連鎖反應

所需時間：🕐 10分鐘　　　　難易程度：▬ ▬ ▬

所需用具：

馬蹄形磁鐵　　　釘子

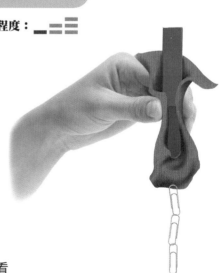

實驗步驟：

步驟1. 用磁鐵吸起一根釘子。
步驟2. 再用這根釘子吸起其他的釘子。
步驟3. 看看你可以串起幾根釘子。

💡 **為什麼會這樣？**

磁鐵可以將吸住的金屬物質「磁化」並賦與它磁力。當釘子被磁鐵吸住時，它就會像個磁力較弱的磁鐵，吸引下一個鐵釘。

85. 穿衣服的磁鐵

所需時間：🕐 10分鐘　　　　難易程度：▬ ▬ ▬

所需用具：

迴紋針　　　　長條形磁鐵　　　　　布

實驗步驟：

步驟1. 用布把磁鐵包起來。
步驟2. 試著吸迴紋針看看，會發現很容易吸起來。
步驟3. 在磁鐵上再包一層布，看看是否依然能吸起迴紋針。試看看
　　　　要包多少層布後，磁鐵才無法吸起迴紋針？

💡 **為什麼會這樣？**

像布之類的材質只要不是太厚的話，磁鐵的磁力仍然可以穿透。而太厚的物質就會阻擋磁鐵的磁力了。

86. 舞蛇的巫師

所需時間： 10分鐘　　**難易程度：** ▬▬▬

所需用具：

一串鑰匙　　　　細繩　　　長條形磁鐵　　膠帶　　　剪刀

實驗步驟：

步驟1. 將細繩的一端綁在鑰匙串上。
步驟2. 用剪刀剪一段膠帶將繩子的另一端黏在桌面上。
步驟3. 在不碰觸到鑰匙的情況下，使用磁鐵牽引鑰匙移動。

💡 **為什麼會這樣？**
磁鐵四周會有所謂的磁場，在磁場範圍內的金屬都可以感受到磁鐵的磁力。磁鐵無需碰觸到鑰匙就可以吸引它。

87. 飄浮磁鐵

所需時間： 15分鐘　　**難易程度：** ▬▬▬

所需用具：

剪刀　　卡紙　　　膠帶　　2個圓形磁鐵

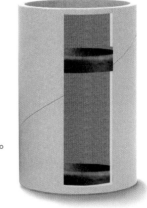

實驗步驟：

步驟1. 將卡紙捲成筒狀，用膠帶黏起來。圓筒的直徑要比圓形磁鐵大一點，
　　　　才好將磁鐵放進去。
步驟2. 在圓筒側面切個長條形的洞，讓你可以看清楚裡頭的情況（如圖所示）。
步驟3. 將2個圓形磁鐵以北極對北極的方式放進圓筒中。
步驟4. 從側邊的長條洞觀察飄浮的磁鐵。

💡 **為什麼會這樣？**
磁鐵的同磁極會互相排斥。就是相斥的作用造成上方的磁鐵飄浮起來。

88. 做個指南針

所需時間： 🕐 15分鐘　　　**難易程度：** ▬▬▬

所需用具：

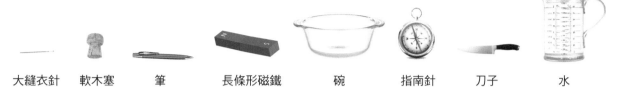

| 大縫衣針 | 軟木塞 | 筆 | 長條形磁鐵 | 碗 | 指南針 | 刀子 | 水 |

實驗步驟：

步驟1. 切下一塊1.5公分厚的軟木塞。
步驟2. 將針放在磁鐵上以同方向摩擦幾次，讓針具有磁力。
步驟3. 將針從軟木塞側邊穿入，針要通過中心點再從另一邊穿出。
步驟4. 在碗中倒水至半滿。
步驟5. 將軟木塞放在水裡時，它會轉動到針的其中一端指向北方為止。
步驟6. 用指南針來找出針的哪一端指的是北方。
步驟7. 分別標出東西南北四個方向。

發現磁鐵

據說天然的磁鐵是在三千年前由一位名為梅格納斯的牧羊人所發現。當他在趕羊時，他鞋上的釘子以及棍子的金屬端突然黏在他所站的石頭上。

💡 **為什麼會這樣？**

將縫衣針放在磁鐵上摩擦，會「磁化」針或賦與它磁鐵的特性。我們就能用磁鐵來找出磁化的縫衣針的南北極。

89. 互相排斥的針

所需時間： 15分鐘　　　　**難易程度：** ▬ ▬ ▬

所需用具：

7個軟木塞　　　7根縫衣針　　　長條形磁鐵　　　　容器　　　　水

實驗步驟：

步驟1. 在容器裡裝滿水。
步驟2. 將所有的針排成一排，確認針的方向都是一致的。
步驟3. 用磁鐵的其中一極去摩擦針。
步驟4. 將針從軟木塞的上方插入，留下針眼露在外頭。
步驟5. 將插了針的軟木塞放進裝水容器中。
步驟6. 拿一個磁鐵擺在軟木塞上方，觀察針會怎麼樣排列。

💡 **為什麼會這樣？**

所有被磁化的針都有南北極。因此它們就會與磁鐵產生相吸或相斥的反應。同時因為針已經磁化，所以針與針之間也會出現互斥的現象。

90. 磁力賽車

所需時間： 🕐 15分鐘　　**難易程度：** ▬▬▬

所需用具：

卡紙　　玩具車　　鉛筆　　2塊長條形磁鐵　　膠帶　　剪刀

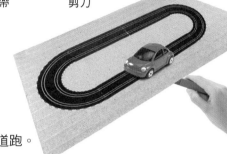

實驗步驟：

步驟1. 在卡紙上畫一圈軌道。
步驟2. 用膠帶將1塊磁鐵黏在玩具車底。
步驟3. 拿另一塊磁鐵擺在卡紙下，移動磁鐵牽引玩具車繞著軌道跑。

💡 **為什麼會這樣？**

磁力可以穿透卡紙作用，這就是為什麼可以用磁鐵牽引玩具車。

91. 磁力線

所需時間： 🕐 10分鐘　　**難易程度：** ▬▬▬

所需用具：

馬蹄形磁鐵　　鐵屑　　紙　　黏土塊

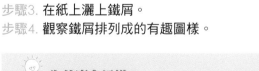

實驗步驟：

步驟1. 用黏土包住磁鐵的圓端，讓磁鐵的兩極朝上（如圖所示）。
步驟2. 在磁鐵的兩極上平放一張紙。
步驟3. 在紙上灑上鐵屑。
步驟4. 觀察鐵屑排列成的有趣圖樣。

💡 **為什麼會這樣？**

鐵屑會沿著「磁力線」排列。這些假想線展現出磁鐵的磁力方向。

第6章
越來越熱了

熱原理實驗

就像天氣太熱時你會覺得暴燥易怒，熱在其他的物質上也會產生有趣的作用。

空氣被加熱時會膨脹上升。雖然這好像沒什麼大不了，但你將在本章中學習到，氣體的這個特性可以運用在許多有趣的地方。

你也將在製作防火氣球、手帕與紙鍋的過程中，學習到如何避免火舌肆虐！

再次提醒，火具有高度危險性，所有使用到火的實驗請務必要在大人的陪同下才能進行。

92. 防火氣球

所需時間：⏱ 15分鐘　　　難易程度：▬ ▬ ▬

所需用具：

2顆氣球

火柴

1/4杯（63毫升）水

實驗步驟：

步驟1. 把氣球套在水龍頭出口，打開水龍頭加水。在氣球膨脹後綁緊。

步驟2. 另吹一顆氣球不加水，在氣球脹起後綁緊。

步驟3. 點燃一根火柴放在沒水的氣球下，它會爆炸。

步驟4. 再點一根火柴放在裝水的氣球下，它不會爆炸。

💡 **為什麼會這樣？**

氣球中的水吸走了大部分的熱。這就是為什麼只有氣球裡頭的水會變熱，氣球卻不會爆開的原因。

93. 黑或白

所需時間： 45分鐘　　難易程度：

所需用具：

2只玻璃杯　　水　　溫度計　　橡皮筋　　白紙與黑紙

實驗步驟：

步驟1. 用白紙與黑紙各包住1只玻璃杯，並分別用橡皮筋綁緊。
步驟2. 在2只玻璃杯中倒水至8分滿。
步驟3. 將2只玻璃杯放在太陽下曬約半小時。
步驟4. 用溫度計測量2杯水的溫度，黑色杯子的水溫會比較高。

💡 **為什麼會這樣？**
像黑紙這樣的深色表面會比白紙類的淺色表面吸收更多的光與熱。

94. 旋轉的紙片

所需時間： 10分鐘　　難易程度：

所需用具：

紙　　蠟燭　　鉛筆　　剪刀　　繩子　　火柴

實驗步驟：

步驟1. 在紙上畫個長條形剪下並捲成螺旋狀。
步驟2. 將螺旋紙片用繩子綁在鉛筆上，吊在蠟燭上方。
步驟3. 點燃蠟燭。
步驟4. 觀察紙片旋轉的情況。

 紙片別放得太靠近火焰，以免燒起來。

💡 **為什麼會這樣？**
蠟燭四周的空氣被加熱時會膨脹變輕，於是就會上升。而因為螺旋紙片也很輕，所以它會隨著空氣上升而旋轉。

95. 黏住的塑膠杯

所需時間： 10分鐘　　　　難易程度：▬ ▬ ▬

所需用具：

2個塑膠杯　　　　厚紙巾　　　　熱水

實驗步驟：

步驟1. 將厚紙巾放進熱水中浸溼，但不要揉成一團。
步驟2. 在其中一個塑膠杯中倒入熱水後再倒出。
步驟3. 將紙巾鋪在這個杯子上。
步驟4. 倒些熱水到另一個杯子中再倒出。
步驟5. 將這個杯子倒立蓋在步驟2杯子的紙巾上。
步驟6. 蓋住30秒後拿起杯子，會發現兩個杯子黏在一起了。

熱能是什麼？

熱能是用來描述物體分子層級活動的一個用詞。在太陽系中，太陽是主要的熱能來源。

💡 **為什麼會這樣？**

當你將熱水倒進玻璃杯時，它會加熱裡面的空氣，造成空氣膨脹。一旦空氣開始冷卻，壓力就會降低，但因為兩個杯子蓋在一起，外頭的空氣無法進到杯子裡面。於是杯外的氣壓就讓杯子緊緊的黏在一起了。

96. 錢幣會說話

所需時間： 20分鐘　　　難易程度： ▬▬▬

所需用具：

錢幣　　　塑膠瓶　　　　水

實驗步驟：

步驟1. 將空塑膠瓶放入冰箱冷凍庫15分鐘。
步驟2. 沾溼錢幣。
步驟3. 將瓶子從冷凍庫取出放到桌上。
步驟4. 快速將沾溼的錢幣放在瓶口上。
步驟5. 觀察錢幣像是在說話般上下振動。

💡 **為什麼會這樣？**

瓶子放入冰箱冷凍庫時，瓶中的空氣會變冷並收縮。瓶子拿出冷凍庫後，溫度上升會使瓶裡的空氣膨脹。但因為瓶口放了錢幣，空氣流不出去，所以它會推動錢幣，讓錢幣上下跳動。

97. 防火手帕

所需時間： 10分鐘　　　難易程度： ▬▬▬

所需用具：

錢幣　　　手帕　　　　火柴

實驗步驟：

步驟1. 攤開手帕蓋在錢幣上並把錢幣包起來。
步驟2. 點燃火柴並靠近手帕包有錢幣的地方。
步驟3. 你會驚奇的看到手帕不會燒焦！

💡 **為什麼會這樣？**

火柴的熱會經由錢幣的傳導而散失，所以手帕就不會燒焦。

98. 跑跑蒸汽船

所需時間： 1小時　　　　**難易程度：** ▬▬▬▬

所需用具：

| 金屬管 | 粗鐵絲 | 圓形蠟燭 | 三夾板 | 膠帶 | 水盆（或浴缸） | 水 |

| 鋸子 | 2個軟木塞 | 釘子 | 白膠 | 鉗子 |

實驗步驟：

步驟1. 用三夾板做為船底。可用鋸子鋸掉三角板短邊的兩角做成船頭。

步驟2. 將金屬管兩端用軟木塞封起來。

步驟3. 用釘子在其中一個軟木塞上穿個洞。

步驟4. 剪下2段約30公分的粗鐵絲，分別取中間段纏到金屬管的兩端，再彎成三角形。讓金屬管下方有足夠的空間可以擺放蠟燭（如圖所示）。

步驟5. 將剛才捆上鐵絲的金屬管立在木板上，軟木塞沒打洞的那一端朝船頭，並用膠帶固定。

步驟6. 用白膠將蠟燭固定在金屬管下方。

步驟7. 將朝船頭的軟木塞從管子上取下，用手指按住朝船底的軟木塞，並在管子裡面灌滿水。

步驟8. 再將軟木塞裝回去。

步驟9. 點燃蠟燭，將船放在一盆水中。

步驟10. 觀看你的蒸汽船跑動！

💡 **為什麼會這樣？**

蠟燭燃燒讓金屬管中的水沸騰，其所產生蒸氣從軟木塞的小洞中散逸出去，進而推動船前進。

99. 熱或冷？

所需時間：⏱ 40分鐘　　難易程度：▪▫▫

所需用具：

溫度計

隔熱板

金屬板

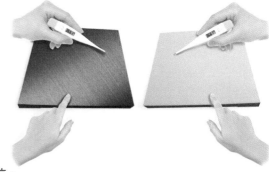

實驗步驟：

步驟1. 將金屬板及隔熱板放在一個房間裡至少30分鐘。
步驟2. 用兩隻手各別去觸碰兩個板子，感覺看看哪一片比較涼。
步驟3. 再用溫度計量測板子的溫度，結果兩個板子的溫度是一樣的。

💡 **為什麼會這樣？**

雖然兩塊板子的溫度相同，但因為它們的材質不同，將熱量散失的速度也不同，所以金屬板摸起來會比隔熱板涼。

100. 巧克力葉子

所需時間：⏱ 30分鐘　　難易程度：▪▪▫

所需用具：

葉子

乾淨的水彩筆

巧克力

碗

水

實驗步驟：

步驟1. 小心清洗及晾乾葉子。
步驟2. 將巧克力放在適用微波的碗中後，置入微波爐裡以中火加熱至融化。
步驟3. 巧克力變成濃稠液狀後取出，再用水彩筆刷在葉子的其中一面。
步驟4. 將刷有巧克力的葉子放入冰箱中冷卻。
步驟5. 巧克力一旦凝固，就把葉子撕下來。巧克力上仍會保留葉子的形狀！

💡 **為什麼會這樣？**

溫度上升時，固態的巧克力會變成液狀。當你把巧克力放進冰箱時，它會再次凝固，維持塑成後的形狀。

101. 紙鍋

所需時間： 20分鐘   難易程度： ▬▬▬

所需用具：

硬紙片   紙盒   迴紋針   水

實驗步驟：

步驟1. 用硬紙片包覆瓦楞紙盒，並以迴紋針固定做成紙鍋。

步驟2. 在紙鍋中裝水並放到爐子上。

步驟3. 過一會兒，你會看到水開始沸騰，但紙不會著火。

火具有危險性。進行此實驗時，請務必要有大人陪同。

為什麼會這樣？

加熱時，水會將紙的熱傳導掉。因此，大部分的熱會被水吸收，所以紙不會著火。

102. 熱橡膠

所需時間： 10分鐘   難易程度： ▬▬▬

所需用具：

大條橡皮筋   吹風機   塑膠小玩具   門把   鉛筆
（或粉筆）

實驗步驟：

步驟1. 將橡皮筋的一端綁著玩具，另一端掛在門把上。

步驟2. 用鉛筆標示出玩具在門上的位置。

步驟3. 用吹風機對著橡皮筋加熱，但距離不要太近。

步驟4. 3分鐘後，你會注意到玩具的位置會比原來的高些。

為什麼會這樣？

橡皮筋是由橡膠製成，而橡膠與大多數的物質不同，遇熱會收縮，於是造成玩具的位置上升。

第7章

向下墜

重力原理實驗

你應該聽過牛頓跟蘋果的故事。儘管這個故事並非史實，你還是可以在本章中進行一些重力小實驗。

你也可以研究某些「對抗」重力的方法，像是毛細現象以及離心力。

你還可以學習到要如何應用「重心」原理，讓許多形狀不規則的物體維持平衡。

103. 對抗重力的水

所需時間： 10分鐘　　難易程度：▬▬▬

所需用具：

玻璃杯　　　　硬紙板　　　　　水

實驗步驟：

步驟1. 在玻璃杯中倒入7～8分滿（5分滿也可以）的水。

步驟2. 在杯口蓋上硬紙板，確認沒有泡泡進到杯子中。

步驟3. 扶住硬紙板，將杯子倒立。最好在水槽上進行這個步驟。

步驟4. 手離開硬紙板，硬紙板依然不受重力影響，還是留在杯口處。

💡 **為什麼會這樣？**

因為沒有空氣進入杯中，所以杯外的大氣壓力會比杯中的大。因此硬紙板會吸在杯口。

104. 水往上爬

所需時間： 2小時　　　　**難易程度：**

所需用具：

3只玻璃杯　黃色與藍色墨水　衛生紙　水

實驗步驟：

步驟1. 在2只杯子中倒入約8分滿的水。
步驟2. 將黃色及藍色墨水分別加入2只杯中攪勻。
步驟3. 在這2只玻璃杯之間放置1只空玻璃杯。
步驟4. 將衛生紙揉成長條狀，如圖所示擺放。
步驟5. 很快就能看到空的玻璃杯開始有綠色的水！

 為什麼會這樣？

水可以藉由所謂的毛細現象，沿著衛生紙纖維間的細孔移動。當黃色及藍色的顏料水在空杯中混合時，就會形成綠色的水了。

105. 雙色花

所需時間： 2天　　　　**難易程度：**

所需用具：

彩色墨水　白色花朵　玻璃杯　剪刀　水

實驗步驟：

步驟1. 將花莖的下半部用剪刀垂直剪開。
步驟2. 將不同顏色的墨水分別倒到2只杯中，並加水混合。
步驟3. 將剖開的花莖分別插入2只玻璃杯中。
步驟4. 約2天後，花朵的花瓣會出現2種顏色。

為什麼會這樣？

水會從植物的根部向上爬升到製造養分的葉子與花朵處。這個過程就是所謂的「毛細現象」。

106. 不倒翁

所需時間： 30分鐘　　難易程度：▬▬▬

所需用具：

彈力球　　美工刀　　鉛筆　　　　紙　　　透明膠帶　　剪刀

實驗步驟：

步驟1. 用美工刀將彈力球切成兩半。

步驟2. 將其中一半的彈力球以平面朝上的位置擺在桌上。

步驟3. 在紙上畫個10×10公分的正方形並剪下來。

步驟4. 將正方形紙片捲成筒狀，並用透明膠帶黏在半顆彈力球上。彈力球的弧形端要凸出紙筒底部。

步驟5. 持續修剪上方的紙筒，直到紙筒被推倒也能再立起來為止。

步驟6. 在紙上畫個小丑貼到紙筒上，就成了可以玩的不倒翁了。

為什麼會這樣？

物體的重心就是物體平均重量的所在位置。只要支撐住重心，就可以撐起整個物體。當球被切半時，會讓重心降低，這就是不倒翁被推倒還可以再立起來的原因。

107. 彩色黑

所需時間： 2小時　　　　難易程度： ▬ ▬ ▬

所需用具：

| 吸墨紙 | 剪刀 | 玻璃杯 | 透明膠帶 | 冰棒棍 | 黑色簽字筆 | 水 |

實驗步驟：

步驟1. 用剪刀剪2條長形的吸墨紙。

步驟2. 用簽字筆在2條長形吸墨紙一側各畫上一條線。

步驟3. 將2條長形吸墨紙的頂端用膠帶黏在冰棒棍上。

步驟4. 將2條長條紙放入玻璃杯中，並將冰棒棍橫放在杯口上。

步驟5. 在杯中倒足夠的水讓水碰觸到紙條底端，但不要碰觸到筆用簽字畫的黑線。

步驟6. 當水往上滲透到紙條頂端時，把紙條取出晾乾。

步驟7. 就可以在紙條上看到組成黑色的所有顏色了。

生活周遭的科學

色層分析

色層分析是科學家用來分離混合物中各類成分的一個程序。雖然科學家所使用的儀器更為複雜，而且處理混合物的程序也更多，但你所進行的這個實驗就是色層分析的基本形式！

💡 為什麼會這樣？

因為吸墨紙上有細孔，所以水可以利用毛細現象沿著吸墨紙向上移動（抵抗重力）。當水移動到黑色簽字筆所畫的線條處時，有些化學物質因為易溶於水就會擴散到吸墨紙上，於是就暈染成各種特殊的顏色了。

108. 降落傘

所需時間： 30分鐘　　**難易程度：** ▬▬▬

所需用具：

剪刀　　　　繩子　　　　小型玩具　　　　塑膠袋

實驗步驟：

步驟1. 剪掉塑膠袋的兩個耳朵，並如圖剪出8個鋸齒。
步驟2. 用剪刀在每個鋸齒接近尖端處各鑽1個小洞。
步驟3. 用剪刀剪下8條等長的繩子，並在每個洞上綁1條繩子。
步驟4. 將8條繩子的另一端綁在玩具上，拿著塑膠袋從高處丟下，就成了小型降落傘。

💡 **為什麼會這樣？**

當你釋出降落傘時，玩具的重量會將繩子往下拉，也會打開大片的塑膠傘面。傘面可以做為風阻，讓玩具慢慢降落。

109. 高空跳水

所需時間： 10分鐘　　**難易程度：** ▬▬▬

所需用具：

一元硬幣　卡紙　　底片盒　　鉛筆　　剪刀　　膠帶　　　水

實驗步驟：

步驟1. 用卡紙剪出1長條，再用膠帶貼成紙圈。
步驟2. 在底片盒中倒一點水，接著將卡紙圈放在底片盒上，並在紙圈上端放置1個錢幣保持平衡。
步驟3. 用鉛筆快速的勾出紙圈。
步驟4. 錢幣會直直掉入底片盒裡，激起一陣水花。

💡 **為什麼會這樣？**

當你快速勾走紙圈時，錢幣因為沒有東西支撐，會懸空在底片盒上方，接著重力會讓它直直落進底片盒中。

110. 變色康乃馨

所需時間： 2天　　　　難易程度：

所需用具：

剪刀　　　　3朵白色　　　彩色墨水　　　　水　　　3只玻璃杯
　　　　　　康乃馨　　　（或用水彩顏料）

實驗步驟：

步驟1. 在每只玻璃杯中倒入約半滿的水。並將不同顏色的墨水
　　　　分別倒入3只杯子中。

步驟2. 用剪刀斜剪3朵康乃馨的莖部底端，並分別放入3只不同的杯子中。

步驟3. 2天內，康乃馨花瓣的顏色就會改變。

 為什麼會這樣？

水會從植物的莖部流向製造養分的葉子及花朵，這個過程就是所謂的毛細現象。

111. 灑不出來的水

所需時間： 5分鐘　　　　難易程度：

所需用具：

水　　　　　　　水桶

實驗步驟：

步驟1. 在水桶中裝半桶水。緊緊捉住水桶的手把，帶著它轉圈圈。

步驟2. 如果你轉得夠快，就算水桶橫放，水還是會留在水桶內。

 為什麼會這樣？

這個實驗運用的是「向心力」原理。向心力讓物體持續在有固定中心點的繞圈路徑中運動。

112. 盪鞦韆

所需時間： 🕐 5分鐘　　　　**難易程度：** ▬ ▬ ▬

所需用具：

碼錶

鞦韆

實驗步驟：

步驟1. 抓住鞦韆的座椅，往後移2～3步。停住後在你腳邊的地上畫上標記。

步驟2. 不出力放掉鞦韆，並數一數鞦韆在10秒間來回擺盪幾下。你可以請朋友幫忙計時。

步驟3. 接著請朋友坐上鞦韆。

步驟4. 將鞦韆後移至步驟1畫上標記的地方。

步驟5. 請朋友將腳離開地面，接著計算鞦韆在10秒內來回擺盪幾次。你會發現，無論朋友有沒有坐在上面，鞦韆擺盪的次數都 一樣。

鐘擺

鐘擺被設計成一旦開始擺動就會持續運動的裝置。讓鐘擺能夠擺動的主要力量就是重力。不過，時鐘裡的鐘擺應用了複雜的齒輪系統讓它持續滴答擺動。

💡 **為什麼會這樣？**

因為重力造成擺盪運動，就算重量不同，重力也不會有所改變。

113. 蠟燭翹翹板

所需時間： 🕐 10分鐘　　　　**難易程度：** ▬ ▬ ▤

所需用具：

縫衣針　　　玻璃杯　　小蠟燭　　美工刀

實驗步驟：

步驟1. 用美工刀刮除蠟燭底邊的蠟，讓蕊心露出來。
步驟2. 將一根長長的縫衣針從蠟燭的中心點穿過去。
步驟3. 將針的兩端分別架在2只玻璃杯上，讓蠟燭擺
　　　　放在2只玻璃杯之間並保持平衡。
步驟4. 點燃蠟燭。

💡 **為什麼會這樣？**

當蠟燭一端的蠟融化滴下來時，那一端就會變輕上升。當另一端也有蠟滴下來時，那一端也會上揚。這樣的情況會持續到蠟燭完全燒完為止。

114. 站立的掃把

所需時間： 🕐 10分鐘　　　　**難易程度：** ▬ ▬ ▤

所需用具：

長柄短硬毛掃把

實驗步驟：

步驟1. 找一塊平坦的硬地板，將掃把以刷毛向下的方式立起。
步驟2. 將掃柄輕輕前後移動，調整至它可以自己站立。

💡 **為什麼會這樣？**

藉由調整掃柄，移動掃把的重心，你可以找到無需外力支撐就可以立起來的理想位置。

115. 旋轉

所需時間： 🕐 10分鐘　　　　**難易程度：** ▬▬▬

所需用具：

小皮球　　　　玻璃罐　　　　　　桌子

實驗步驟：

步驟1. 將小皮球放在桌上並以玻璃罐蓋住。
步驟2. 慢慢搖動罐子，讓罐中的皮球旋轉起來。
步驟3. 慢慢增加罐子的旋轉速度，並把罐子拿離桌子。
步驟4. 球也會連同罐子一起被拿起來而不會掉出來。

💡 **為什麼會這樣？**

讓球在罐子裡轉動的力量，就是所謂的「向心力」。這股力量會讓球保持轉動，即使有重力對抗也一樣。

116. 反重力機械

所需時間： 🕐 15分鐘　　　　**難易程度：** ▬▬▬

所需用具：

膠帶　　　2支長尺　　2個尺寸相同　　幾本厚書　　　剪刀
　　　　　　　　　　　的塑膠漏斗

實驗步驟：

步驟1. 將2個漏斗以口對口的方式用膠帶黏在一起，其他實驗材料擺放的位置則如圖所示。注意兩側書堆的高低落差不宜太大，約10度為宜。
步驟2. 將黏起來的漏斗放在尺斜坡的「底部」（窄邊）。觀察它往上滾動至較高的書堆。

💡 **為什麼會這樣？**

雖然看起來漏斗像是爬上斜坡，但實際上因為重心的關係，它是在往下移動。詳細原理可參考QR Code連結。

117. 縫衣針翹翹板

所需時間： 15分鐘　　　　**難易程度：**

所需用具：

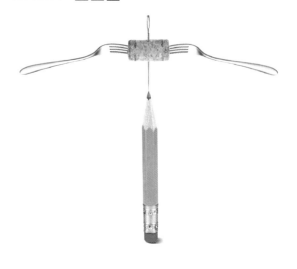

2根叉子　　軟木塞　　鉛筆　　縫衣針

實驗步驟：

步驟1. 將針穿過軟木塞側邊的中心。
步驟2. 將2根叉子叉在軟木塞兩端。
步驟3. 將針立在筆尖上（如圖所示）。
步驟4. 稍微調整一下，讓它自己平衡立起。

 為什麼會這樣？

重心能夠調整移動到完美平衡的位置上。

118. 不會漏水的手帕

所需時間： 10分鐘　　　　**難易程度：**

所需用具：

玻璃杯　　手帕　　水

實驗步驟：

步驟1. 將手帕蓋在玻璃杯上。
步驟2. 從手帕的中心處倒入3/4杯的水。
步驟3. 將手帕拉平整蓋住整個玻璃杯口。
步驟4. 用另一隻手護住杯口並翻轉杯子。
步驟5. 將護住杯口的手移開，水依然會留在杯子裡。

 為什麼會這樣？

當妳拉平手帕時，手帕上的小細縫就會被水取代，而水分子之間形成了「表面張力」的作用力。

119. 旋轉木馬

所需時間： 30分鐘　　　難易程度： ■■■

所需用具：

大縫衣針　3個軟木塞　　玻璃瓶　　叉子　　　美工刀　　　　鋁盤

實驗步驟：

步驟1. 將軟木塞從圓面對半切開，並將叉子以稍微小於90度的角度插進軟木塞中。

步驟2. 將軟木塞及叉子放在鋁盤邊緣擺放平衡。（如圖所示）

步驟3. 將一個軟木塞塞進玻璃瓶口，並插上一根針。

步驟4. 小心的將鋁盤放在針上。多試幾次你就能夠讓它平衡擺在上面。

💡 **為什麼會這樣？**

當你可以讓物體在形狀不規則的東西上取得完美平衡時，你就找到了物體的重心。

120. 髒水變清水

所需時間： 2小時　　　難易程度： ■■■

所需用具：

毛線　　　　2只碗　　　　髒水　　　幾本厚書

實驗步驟：

步驟1. 在桌上疊3～4本厚書，並在書堆上方擺一碗髒水。

步驟2. 另在書堆旁放一個空碗。

步驟3. 將毛線的一端放在髒水中，另一端放在空碗中。

步驟4. 過一陣子，你會看到乾淨的水滴入空碗中。

💡 **為什麼會這樣？**

毛線只會吸起碗中的水，所以髒汙會留在原來的碗中，而乾淨的水就會滴入空碗了。

121. 聽話的蛋

所需時間： 🕐 30分鐘　　　　**難易程度：** ▬▬▬

所需用具：

大頭針　　鹽　　　生蛋　　白膠　　剪刀　　　紙

實驗步驟：

步驟1. 用大頭針在蛋的一端刺一個小洞。
步驟2. 在蛋的另一端也小心的刺開一個較大的洞。
步驟3. 從小洞吹氣進蛋殼中，讓蛋液從較大的洞流出。
步驟4. 用水沖洗蛋殼內部，待蛋殼內部乾燥後，剪小紙片用白膠貼住小洞。
步驟5. 從另一個較大的洞中倒入一撮鹽，接著拿另一個小紙片用白膠封住這個洞。
步驟6. 待白膠乾燥後，無論怎麼擺放蛋，它都會維持在你擺放的位置不會滾動。

💡 **為什麼會這樣？**

將蛋擺在某個位置時，鹽就會聚在蛋殼底部。於是蛋殼的底部就會變得比較重，相對而言蛋殼頂部就比較輕，所以蛋的重心就會移往蛋殼底部，讓蛋維持在同樣的位置上。

122. 瓶子在跳舞

所需時間： 🕐 15分鐘　　　　**難易程度：** ▬▬▬

所需用具：

細繩　　玻璃瓶　　雨傘　　粉筆　　2根立桿

實驗步驟：

步驟1. 將繩子鬆鬆的綁在兩根立桿上，並用粉筆摩擦繩子增加磨擦力。
步驟2. 將雨傘的握把插入瓶口中固定。
步驟3. 將瓶子掛在繩子上，找出平衡點（如圖所示）。

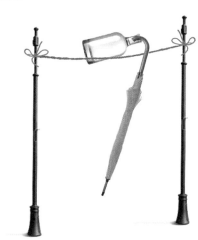

💡 **為什麼會這樣？**

雨傘與瓶子的重量能夠互相平衡，而維持在繩子上。

123. 維持平衡

所需時間：🕐 5分鐘　　　　難易程度：▪▫▫

所需用具：

長尺

實驗步驟：

步驟1. 在胸前伸長雙手做出一級棒的手勢，並把長尺平衡擺在雙手虎口處（如圖所示）。

步驟2. 雙手慢慢互相靠近。

步驟3. 當雙手靠攏在一起時，尺在雙手上方的位置就是尺的重心點，尺在重心上能夠維持平衡。

💡 **為什麼會這樣？**

手與尺之間的摩擦力，讓我們可以找到重心的確定位置。

124. 掉落的水

所需時間：🕐 10分鐘　　　　難易程度：▪▫▫

所需用具：

保麗龍杯　　　削尖的鉛筆　　　　水

實驗步驟：

步驟1. 用鉛筆在保麗龍杯的側邊靠近底部的地方刺個洞。

步驟2. 用大拇指按住洞口，並在杯中倒滿水。

步驟3. 將大拇指移開，水會從洞口流出。

步驟4. 放手讓保麗龍杯掉落，你會發現杯子在掉落時，水不會從洞口流出。

 為什麼會這樣？

當手握住保麗龍杯，但不封住洞口時，重力會將杯子與裡頭的水往下拉，但因為杯子被手握住，所以只有水可以從小洞中往下流出。至於放手讓保麗龍杯掉落時，重力會讓杯子與水以相同的速度一起落下，水就保持在杯子內，而不會從小洞流出了。

125. 蛋殼不倒翁

所需時間： 30分鐘　　　難易程度：▬▬▬

所需用具：

生蛋　　　　　鐵屑　　　　　大頭針　　　　白膠　　　　剪刀　　　　　紙

實驗步驟：

步驟1. 用大頭針在蛋的一端刺個洞。
步驟2. 在蛋的另一端小心刺開另一個較大的洞。
步驟3. 從小洞中吹氣進蛋殼中，讓蛋液從較大的洞流出。
步驟4. 用水沖洗蛋殼內部後放置一會兒，讓蛋殼內部乾燥。
步驟5. 剪小紙片用白膠貼住小洞。
步驟6. 將一撮鐵屑從另一個較大的洞倒入蛋殼裡。
步驟7. 再倒入白膠將鐵屑固定在蛋殼中任一位置。乾燥過程中，不要移動或碰到蛋。
步驟8. 剪小紙片用白膠將較大的洞也貼住。
步驟9. 當塗在較大洞處的白膠也乾燥後，無論怎麼樣推倒蛋，蛋都會回到原先立起的位置！

💡 **為什麼會這樣？**
有鐵屑黏附的蛋殼處會比較重，這會讓蛋回到原先立起的位置。

126. 手指翹翹板

所需時間： 15分鐘　　　　難易程度：

所需用具：

紙巾

杯子

2支餐刀

實驗步驟：

步驟1. 將紙巾緊緊捲起來。
步驟2. 用捲起的紙巾把2支餐刀固定在杯子的握把處（如圖所示）。
步驟3. 伸出食指，以指尖抵住杯底，讓杯子在指尖上維持平衡。

💡 **為什麼會這樣？**
杯子的重量在餐刀的協助下能夠平均分布，於是杯子就能在指尖上維持平衡。

127. 謀殺西洋梨

所需時間： 15分鐘　　　　難易程度：

所需用具：

偏軟的西
洋梨

刀子

盤子

杯子

細繩

水

剪刀

實驗步驟：

步驟1. 將西洋梨用細繩綁起，吊在桌子的上方。建議吊高一些。
步驟2. 將杯子倒滿水，移至西洋梨下方，讓西洋梨接觸到水。
步驟3. 移開水杯，觀察西洋梨底部水滴滴落的位置。
步驟4. 在水滴落下處放個盤子，裡頭擺放一把刀口向上的刀子，刀口對
　　　　著西洋梨底部水滴下來的位置。
步驟5. 剪斷繩子，西洋梨就會直直掉落在刀子上並且被切開。

💡 **為什麼會這樣？**
重力作用讓西洋梨垂直掉落，落下的力道可以讓刀子直接準確切進西洋梨中。

 87

128. 水滴溜滑梯

所需時間： 20分鐘　　　難易程度：▬ ▬ ▬

所需用具：

塑膠布　　尺寸大小不　　水　　　小碟子
　　　　　同的書本

實驗步驟：

步驟1. 將數本書由高至矮立起（如圖所示）。
步驟2. 將長條狀的塑膠布跨書擺放，並確保塑膠布沒有皺摺產生。另將小碟子放在塑膠布最低處的尾端。
步驟3. 將水滴滴在塑膠布的最高處。
步驟4. 水滴將會滑落第一個斜坡，再往上來到第二個斜坡滑下，最終滑入小碟子中。

 為什麼會這樣？

水滴往下滑下斜坡時速度增加，讓它向上爬到第二個斜坡並繼續衝向下一個斜坡直到落入小碟中。
注意書中間的塑膠布下垂幅度勿過大，以免水卡住無法繼續往前衝。

129. 哪個先落地

所需時間： 5分鐘　　　難易程度：▬ ▬ ▬

所需用具：

2個不同重量的物品（例　　　椅子
　如：瓶蓋及硬幣）

實驗步驟：

步驟1. 拿起2個物品後，站到椅子上。
步驟2. 同時放開2個物品。
步驟3. 試著觀察哪個物品會先掉在地上。

 為什麼會這樣？

2個重量不同的物體，在不考慮（或可忽略）空氣阻力的情況下，都會以同樣加速度垂直落下。因此
如果是從同一高度釋放，它們就會同時著地。

第 8 章

漂起來，沉下去？

密度原理實驗

你是否曾經好奇為什麼有時候體積小的物體比體積大的物體來得重？答案就在物體的「密度」。密度指的是一個物體單位體積內的質量。比如說一塊金條比同體積的木頭要重，就表示金條的密度大於木頭。下次有人說你太重（密度較高）時，你最完美的回應就是：「是的，因為我大腦裡的腦細胞比較多，所以才會比較重。」

130. 剝橘子皮

所需時間： 10分鐘　　　難易程度：▬▬▬

所需用具：

2顆橘子　　　　小盆　　　　水

實驗步驟：

步驟1. 在碗中倒滿水。
步驟2. 將1顆橘子剝好皮。
步驟3. 將2顆橘子都放入碗中。
步驟4. 出乎意料，帶皮的橘子浮在水上，剝皮的橘子卻沉入水中。

 為什麼會這樣？

帶皮橘子因含有布滿小小氣室的橘子皮，所以整體密度低於水而浮在水面上。橘子剝皮（等於去除了氣室）之後密度會增加，所以沉入水中。因此，雖然橘子剝皮後的整體重量會比帶皮時輕，但還是會沉入水中。

131. 雪花結晶

所需時間： 1天　　　　難易程度：

所需用具：

細繩　　　耐熱玻璃罐　　沸水　　　　幾條毛根　　　　糖　　　　鉛筆　　　　剪刀

實驗步驟：

步驟1. 將毛根剪成3等分。
步驟2. 用所有毛根綁成一個如六角雪花狀的物體（如圖所示）。
步驟3. 在六角雪花狀體的中央綁上1條繩子。
步驟4. 在繩子的另一端綁上1枝鉛筆。
步驟5. 在耐熱玻璃罐中倒入沸水至半滿。
步驟6. 將糖倒入沸水中，直到糖無法再溶解為止。
步驟7. 將六角雪花狀物體放入罐中，鉛筆則橫擺在罐口。
步驟8. 靜置1天。隔天會發現，毛根上附著了一層水晶狀
　　　 的物體。

生
活
周
遭
的
科
學

雪花

當雲裡的水蒸氣冷卻變成冰晶時，就會形成雪花。雪花是六角形的結構，就像這個實驗做出來的糖花一樣！但你知道嗎？沒有任何2個雪花的結晶形狀是完全一模一樣的喔！

為什麼會這樣？

熱水比冷水能溶解更多的糖。所以當溶液冷卻時，更為聚集的水分子無法像溫度高時能攜帶那麼多的糖，使得溶液變得非常濃稠。於是糖分子開始一層層附著在毛根上，形成水晶般的雪花了。

132. 壓縮樂

所需時間： 10分鐘　　　難易程度：

所需用具：

鹽　　　　番茄醬包　　　　塑膠瓶　　　　水

實驗步驟：

步驟1. 在塑膠瓶中裝水，並將番茄醬包丟入其中。

步驟2. 加鹽至瓶中，直到番茄醬包剛好浮起來為止。

步驟3. 蓋上瓶蓋並擠壓瓶身。

步驟4. 擠壓時番茄醬包會下沉，不擠壓時則會浮上來。

💡 **為什麼會這樣？**

番茄醬包中含有氣泡，所以會浮起來。擠壓瓶身會壓縮到醬包中的氣泡空間，使得醬包沉下去。不擠壓時，醬包中的氣泡空間會增大，讓它再次浮起。

133. 熔岩杯

所需時間： 10分鐘　　　難易程度：

所需用具：

玻璃杯　　　鹽　　3/4（約188毫升）　　1/4（約63毫升）　　12滴墨水
　　　　　　　　　　　杯水　　　　　　　杯植物油

實驗步驟：

步驟1. 將3/4杯的水倒進玻璃杯中，並將墨水與植物油加入同一杯水中。

步驟2. 在油上灑鹽。

步驟3. 觀察水中的油如同熔岩般在杯中上下竄動的情況。

💡 **為什麼會這樣？**

油比水輕，所以油會浮在水面上。在加鹽之後，鹽會吸附一些油與它一同沉入水中。一旦鹽溶解，油又會上升回到水面。

134. 流動的海洋

所需時間： 15分鐘　　　難易程度： ▃▃▃

所需用具：

玻璃罐　　　　水　　　 10滴藍色墨水　 亮粉　　 嬰兒油　 會浮的塑膠玩具

實驗步驟：

步驟1. 在玻璃罐中注入半罐高的水。加入藍色墨水與亮粉。
步驟2. 在玻璃罐中倒入嬰兒油至3/4罐高處。
步驟3. 將會浮的塑膠玩具放入罐中，並旋緊罐蓋。
步驟4. 輕輕搖晃罐子，讓罐中的海洋流動起來。

💡 **為什麼會這樣？**
水的密度比油高，且兩者無法互溶。當水移動時，會將油推到四周，看起來就像波浪一樣。

🖐 135. 冷結晶

所需時間： 7～8天　　　難易程度： ▃▃▃

所需用具：

2個耐熱玻璃罐　 迴紋針　 1條毛線　　 小蘇打粉　　　 盤子　　　 湯匙　　　 熱水

實驗步驟：

步驟1. 在2個玻璃罐中倒入熱水。
步驟2. 在罐中加入小蘇打粉用湯匙攪拌到不能溶解為止。
步驟3. 在毛線兩端各別上1根迴紋針。
步驟4. 將毛線兩端分別垂入2個玻璃罐中。
步驟5. 在罐子中間的毛線下方擺1個盤子。7～8天後
　　　 就會有結晶形成。

💡 **為什麼會這樣？**
小蘇打溶液的水滴會從線的最低處滴落，而每滴水裡都會有少量的小蘇打留在線上，這些小蘇打不斷累積就會形成結晶。

136. 瘋狂熔岩燈

所需時間： 15分鐘　　　難易程度： ▬ ▬ ▬

所需用具：

1顆胃藥

塑膠瓶

植物油

12滴墨水

水

實驗步驟：

步驟1. 在瓶中注入1/4瓶高的水與1/4瓶高的油。

步驟2. 等到油與水分離後，再將墨水加入瓶中。

步驟3. 將胃藥剝成5小塊，並將其中一塊丟進塑膠瓶。

步驟4. 很快就可以看到彩色泡泡浮到水面上，就像真正的熔岩燈一樣。

步驟5. 還可以拿支手電筒從瓶底照光，讓熔岩燈看起來更酷。

熔岩燈

市面販售的熔岩燈是在乾淨的溶液中加入蠟。當蠟受到底部的燈泡加熱而融化時，蠟就會上升。等到上升的蠟冷卻時，它又會落下。本實驗的燈與真正的熔岩燈的基本原理是一樣的！

 為什麼會這樣？

因為油的密度比水低，所以油會浮在水上。而油下方的水會與墨水混合。胃藥（制酸劑）會釋出二氧化碳泡泡，這些泡泡會帶著一些有顏色的水上升到表面。二氧化碳從表面釋出後，有顏色的水又會重新下降到底部。

137. 浮起的飲料罐

所需時間： 10分鐘　　　難易程度：

所需用具：

未開罐的一般
罐裝可樂

未開罐的罐
裝健怡可樂

水

透明水缸

實驗步驟：

步驟1. 確認2罐可樂的重量是一樣的。

步驟2. 在水缸中注滿水，並將2罐可樂放入水中。你認為它們會浮起
來還是沉下去？

💡 **為什麼會這樣？**

出乎意料，一般罐裝可樂會下沉，而健怡可樂卻浮起來。一般可樂比起健怡可樂含有更多的甜味
劑。因此一般可樂的密度比水大，會沉入水底。

138. 杯中彩虹

所需時間： 15分鐘　　　難易程度：

所需用具：

蜂蜜

洗碗精

水

植物油

消毒酒精

高腳杯

藍色墨水

實驗步驟：

步驟1. 在高腳杯中倒入1/4杯高的蜂蜜。

步驟2. 將杯子微微側傾，再慢慢地倒入洗碗精。

步驟3. 將水與藍色墨水混合後慢慢地加入杯中。

步驟4. 接著再加入一些植物油。

步驟5. 最後再加入消毒酒精。

💡 **為什麼會這樣？**

密度大的液體會留在杯底，而密度低的液體則會往表面浮起。

NaNNaNNaNNaNNaN

所需用具：

乾玉米粒　　　鋼珠　　　　乒乓球　　　玻璃罐

實驗步驟：

步驟1. 將乒乓球放入玻璃罐中，再倒入9分滿的玉米粒。
步驟2. 將鋼珠放在玉米粒上，蓋上蓋子後，拿起來上下左右晃動。
步驟3. 鋼珠會沉到罐底，而乒乓球會上升到玉米粒的表面。

 為什麼會這樣？
因為鋼珠的密度較大，所以會沉下去，同時密度低的乒乓球也會找空隙上升。

 # 140. 交換水

所需時間： 10分鐘　　　　**難易程度：**

所需用具：

2個耐熱　　　熱水　　　　冷水　　　　硬紙板　　紅色與藍色墨水
玻璃罐

實驗步驟：

步驟1. 在一個玻璃罐中裝滿熱水，並加入藍色墨水。
步驟2. 在另一個玻璃罐中裝滿冷水，並加入紅色墨水。
步驟3. 用紙板蓋住裝有紅色冷水的玻璃罐。
步驟4. 小心將裝有紅色冷水的玻璃罐連同紙板蓋在裝有藍色熱水的玻璃罐上後，再
　　　　抽掉紙板。注意兩罐水的罐口需對準。
步驟5. 藍色的水會向上流動，而紅色水則會向下流動。

 為什麼會這樣？
熱水的密度比冷水低，這代表熱水比較輕。所以較重的冷水會往下沉到底部，而熱水則會向上浮
起。

NaN**95**

141. 瓶子加速度計

所需時間： 10分鐘　　　　　**難易程度：** ▬▬▬

所需用具：

軟木塞	細繩	圖釘	1個2公升塑膠瓶	水

實驗步驟：

步驟1. 用圖釘將軟木塞固定在繩子的一端。

步驟2. 將帶繩的軟木塞放入裝水的塑膠瓶中，並將繩子的另一端放在瓶口，用瓶蓋拴緊固定。

步驟3. 將塑膠瓶倒立拿在手中走動，無論你走往哪個方向，一開始軟木塞都會往你走的方向移動。

 為什麼會這樣？

因為水的密度較大，所以當你一開始走動時，軟木塞會被推向前去。

142. 熱水上升

所需時間： 15分鐘　　　　　**難易程度：** ▬▬▬

所需用具：

耐熱小玻璃瓶	玻璃水缸	紅色與藍色墨水	細繩	熱水	冷水

實驗步驟：

步驟1. 將冷水倒入水缸中，並加入藍色墨水。

步驟2. 在小玻璃瓶中倒入熱水，並加入紅色墨水。

步驟3. 用繩子綁住小玻璃瓶，將其慢慢垂吊放入水缸中。

步驟4. 會看到紅色的水從小玻璃瓶中往上移動。

 為什麼會這樣？

因為熱水的密度比冷水小，所以較輕的熱水就會上升。因此加入紅色墨水的熱水就會移動到藍色冷水的上方。

143. 鹽吸管

所需時間： 15分鐘　　難易程度： ▬▬▬

所需用具：

6只玻璃杯　　鹽　　各色墨水　　透明吸管　　水

實驗步驟：

步驟1. 在第一杯水中加入1匙鹽、第二杯中加入2匙鹽，依此類推加好6杯水。

步驟2. 在每杯水中加入不同顏色的墨水。

步驟3. 將吸管插入第一杯水中約1公分深。

步驟4. 用手按住吸管上方的管口並拿出吸管。

步驟5. 將吸管插入第二杯水中約2公分深，並放開管口處。

步驟6. 一旦吸管下方有水進入吸管之中，就再次用手按住吸管上方的管口。依序在6杯水中重複步驟4及步驟5，每次插入約3、4、5、6公分深。

為什麼會這樣？

鹽會改變水的密度。水中溶解的鹽越多，密度就會越大。因為第一杯水的密度最小，所以第一杯的水會留在吸管的最上方。

144. 棒棒糖

所需時間： 7天　　難易程度： ▬▬▬

所需用具：

數種食用色素（可不使用）　　平底鍋　　水　　2杯（500毫升）糖　　耐熱玻璃罐　　數枝長竹籤　　湯匙

實驗步驟：

步驟1. 在平底鍋中倒入糖、食用色素及水。

步驟2. 將平底鍋放在火爐上加熱攪拌，煮沸後用湯匙持續攪拌到所有的糖都溶解。

步驟3. 將煮好的糖漿倒進耐熱玻璃罐中，並放幾枝長竹籤進去。

步驟4. 靜置7天後，就可以做出棒棒糖了。

為什麼會這樣？

熱水中的糖分呈現飽和狀態。待水冷卻後就無法留住這麼多糖分，所以糖就會析出結晶在竹籤上。

145. 變大的甘貝熊

所需時間： 1天　　　　難易程度：

所需用具：

甘貝熊軟糖

玻璃碗

水

實驗步驟：

步驟1. 在碗中裝半碗水。
步驟2. 將甘貝熊放入水中。
步驟3. 靜置1天。
步驟4. 隔天早上甘貝熊軟糖會變成2倍大。

💡 **為什麼會這樣？**

水都是從密度低的地方往密度高的地方流動。甘貝熊軟糖的密度極大，所以會像海綿那般容易吸水。

146. 三層漂浮溶液

所需時間：🕐 15分鐘　　　　難易程度：

所需用具：

植物油

軟木塞

硬幣

水

蜂蜜

葡萄

高腳杯

葡萄乾

實驗步驟：

步驟1. 在高腳杯中倒入1/3杯的蜂蜜，再倒入1/3杯的油，最後再倒入1/3杯的水。
步驟2. 一旦杯中的液體不再流動，就可放入葡萄乾、葡萄、軟木塞與硬幣。
步驟3. 軟木塞會浮在水面，硬幣會沉到杯底，而葡萄乾及葡萄則會漂浮在中間。

💡 **為什麼會這樣？**

所有物品（葡萄乾、葡萄、硬幣與軟木塞）的密度不同，所以會造成它們浮在不同的液體中。

147. 漂浮的高爾夫球

所需時間： 15分鐘　　　難易程度： ▬ ▬ ▬

所需用具：

高爾夫球　　鹽　　　塑膠罐　　　　水

實驗步驟：

步驟1. 在塑膠罐中倒入半罐的水。
步驟2. 把鹽加入水中直到不能再溶解為止。
步驟3. 將高爾夫球放入水中，它會浮在水面上。
步驟4. 再慢慢的加些自來水進罐中。高爾夫球則會懸浮在水的中間處。

💡 **為什麼會這樣？**

鹽水的密度大過高爾夫球時，球會浮起來。不過，自來水的密度就比高爾夫球小，這也是為什麼球會懸浮在自來水與鹽水中間。

148. 油油冰

所需時間： 30分鐘　　　難易程度： ▬ ▬ ▬

所需用具：

墨水　　　植物油　　嬰兒油　　　冰塊　　　玻璃杯

實驗步驟：

步驟1. 加2滴墨水到空玻璃杯中。
步驟2. 倒入半杯的植物油以及半杯的嬰兒油到玻璃杯中。
步驟3. 放入冰塊。冰塊會停留在杯子的中間高度處。
步驟4. 10分鐘後，可以看到冰塊開始融化成水滴。
步驟5. 水滴會慢慢落到杯底並與墨水混合。

💡 **為什麼會這樣？**

因為嬰兒油的密度比植物油小，所以嬰兒油會浮在植物油上方。而冰塊會介在嬰兒油與植物油中間，因為冰塊的密度比嬰兒油大，但比植物油小。最後，水的密度又大過冰與植物油，所以水滴會下沉至杯底。（注：各種植物油的密度不一樣，實驗結果可能會有落差。）

149. 彩色水晶

所需時間： 🕐 40小時　　　難易程度：▬▬▬▬

所需用具：

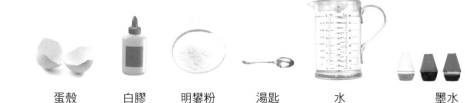

| 蛋殼 | 白膠 | 明礬粉 | 湯匙 | 水 | 墨水 | 碗 |

實驗步驟：

步驟1. 將蛋敲成兩半，將蛋白蛋黃倒入碗中。接著用水沖洗蛋殼內部後擦乾。

步驟2. 在蛋殼內部塗上一層白膠。

步驟3. 在白膠未乾時灑上明礬粉，然後將蛋殼靜置在盒子中一個晚上。

步驟4. 隔天，準備2杯水（500毫升），並加入5滴墨水。

步驟5. 將水倒入鍋中放在爐子上煮至快沸騰後關火。

步驟6. 倒3/4杯（約188毫升）的明礬粉到快沸騰的水中，並攪拌至完全溶解。接著將蛋殼放進明礬水中靜置一晚。

步驟7. 隔天早上從水中取出蛋殼，就可以欣賞漂亮的彩色水晶了！

💡 **為什麼會這樣？**

明礬在熱水中的溶解度比較大，當熱水開始冷卻，明礬的溶解度就會降低，析出的明礬結晶就會附著在蛋殼上。

150. 神奇的米

所需時間： 10分鐘　　　　　難易程度：▄▄▄

所需用具：

米　　　　　竹筷　　　　塑膠瓶

實驗步驟：

步驟1. 在塑膠瓶裡倒滿米。

步驟2. 輕敲塑膠瓶，再填入米。重複此一動作直到塑膠瓶完全裝不下米為止。

步驟3. 將竹筷從瓶口插入米中。如果瓶子中確實裝滿米，就能用筷子把整個瓶子提起來。

 為什麼會這樣？

米粒和竹筷之間有摩擦力，阻止竹筷滑落，因此竹筷可以提起整瓶的米。

151. 喝得到的密度

所需時間： 10分鐘　　　　　難易程度：▄▄▄

所需用具：

石榴汁　　柳橙汁　　白葡萄汁　　滴管　　玻璃杯

實驗步驟：

步驟1. 先在玻璃杯中倒些白葡萄汁。

步驟2. 再用滴管將柳橙汁慢慢滴入玻璃杯中。

步驟3. 最後用滴管將石榴汁滴在杯內最上層。

 為什麼會這樣？

因為不同果汁的含糖量不同，所以密度也不同。其中白葡萄汁的含糖量最高，所以密度最高，而石榴汁的含糖量最少，所以密度最小。（注：市售果汁可能含糖量不一，選購時可注意糖分標示。）

第 9 章
亮起來

光原理實驗

你覺得什麼是世界上跑得最快的東西？賽車？太空船？它們都比不上光的速度！沒有東西傳遞得比光更快。太陽跟地球相距一億五千萬公里，光只需花費8分鐘就可以走完！

事實上，就有人假設，若是我們能以比光還要快的速度移動，時光旅行就有可能成真。聽起來是不是很酷啊？

152. 做一道彩虹

所需時間： 10分鐘　　　　　**難易程度：**

所需用具：

玻璃杯　　　　水　　　　　　　白紙

實驗步驟：

步驟1. 在玻璃杯中倒入3/4杯的水。

步驟2. 拿起水杯與白紙到窗戶旁邊。

步驟3. 將玻璃杯擺在紙的斜上方，讓陽光穿過玻璃杯，落在白紙上。

步驟4. 微調紙張的位置，直到紙上出現小小的彩虹。

 為什麼會這樣？

光穿過水時會產生折射，分離成七種顏色，投射在紙張上。

153. 自製萬花筒

所需時間： 30分鐘　　　　難易程度： ▃▃▊

所需用具：

膠帶　　剪刀　　尺　　玻璃切割刀　　亮片　　厚紙板　　鏡子

實驗步驟：

步驟1. 用玻璃切割刀將鏡子割成3片4X15公分大小的長條形。

步驟2. 用厚紙板割出3塊相同大小的長條形。

步驟3. 將3塊厚紙板分別貼在3片鏡子背面，接著將3片紙板以鏡面
朝內、紙板朝外的方式拼成三角柱狀，並用膠帶固定。

步驟4. 將亮片擺放在桌面上，將剛做好的萬花筒蓋在亮片上，並旋轉萬花筒。好好欣賞那色
彩繽紛的圖樣吧！

> 💡 **為什麼會這樣？**
>
> 光以直線移動，但碰到鏡子時會反射。光在鏡子之間來回反射，會形成多重的影像，這就是萬花筒
> 會產生繽紛圖案的原理。

154. 水滴放大鏡

所需時間： 5分鐘　　　　難易程度： ▃▃▊

所需用具：

滴管　　書　　透明塑膠片　　水

實驗步驟：

步驟1. 將透明塑膠片放在書頁上。

步驟2. 在塑膠片中間滴上1滴水。

步驟3. 觀看水滴下的字體是如何放大的。

> 💡 **為什麼會這樣？**
>
> 水在這裡的作用就如同放大鏡。它會將下方影像傳來的光折射入你的眼睛，讓影像看起來大一些。

155. 測光

所需時間： 15分鐘　　　難易程度： ▬▬▬

所需用具：

膠帶　　　　剪刀　　　　鋁箔紙　　　2塊石蠟

實驗步驟：

步驟1. 剪一張與石蠟底面同樣大小的鋁箔紙。
步驟2. 使用膠帶將鋁箔紙固定在2塊石蠟中間。
步驟3. 這樣就做成了光度計。若是上方那塊石蠟較亮，就代表房間上方的亮度要比下方來得大。

 為什麼會這樣？

石蠟是半透明的物質。光線可以穿透石蠟，接著在鋁箔紙的阻擋下反射回來。因此，可以依據石蠟塊的亮度來測定光的強度。

156. 日晷

所需時間： 12小時　　　難易程度： ▬▬▬

所需用具：

長竹籤　　　　手錶

實驗步驟：

步驟1. 將長竹籤垂直插在室外的地面上。
步驟2. 每個整點時，標記出竹籤陰影落下的位置。並標上當時的時間（如圖所示）。
步驟3. 之後要查看時間，只需觀看竹籤陰影落下位置，以及位置上的數字就知道了。

為什麼會這樣？

竹籤陰影的位置取決於太陽的位置，而太陽的位置每個小時都會有變化。

157. 魔鏡啊魔鏡

所需時間： 15分鐘　　難易程度：

所需用具：

| 梳子 | 手電筒 | 厚紙板 | 黑紙 | 桌鏡 | 膠帶 | 剪刀 |

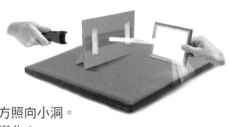

實驗步驟：

步驟1. 用剪刀在厚紙板中間鑽個小洞。
步驟2. 用膠帶將梳子黏在厚紙板上（如圖所示）。
步驟3. 在厚紙板後方用膠帶黏上一小塊紙板後架在黑色厚紙板上。
步驟4. 將所有的東西帶到一間漆黑的房間中，打開手電筒從厚紙板後方照向小洞。
步驟5. 在光線前方擺上桌鏡。改變桌鏡的角度，觀察光線行進方向的變化！

為什麼會這樣？
光線在碰到物體前，都是以同一方向移動。光線碰到鏡子時，會以相同於入射角的角度反射出去。

158. 消失的銅板

所需時間： 5分鐘　　難易程度：

所需用具：

| 銅板 | 玻璃杯 | 水 |

實驗步驟：

步驟1. 將銅板放在桌上。
步驟2. 再將玻璃杯放在銅板上方。
步驟3. 在玻璃杯中倒入水後，會發現銅板從視線中消失了！

為什麼會這樣？
將水倒入玻璃杯之後，玻璃和水讓光線的方向產生了改變，因此從玻璃杯側邊看過去就看不見銅板了。

159. 1個變2個

所需時間： 5分鐘　　　難易程度：▬▬▬

所需用具：

銅板　　　　　碗　　　　　水

實驗步驟：

步驟1. 把將1個銅板丟進空的碗中。
步驟2. 慢慢將水倒入碗裡。
步驟3. 有時候，你會看到碗裡有2個銅板而不是1個。

💡 **為什麼會這樣？**

水造成光的「彎折」（注：含折射與全反射），因此你會看到2個銅板而不是1個。

160. 製造白光

所需時間： 15分鐘　　　難易程度：▬▬▬

所需用具：

橡皮筋　　　3支手電筒　　　紅、藍與綠色　　　白紙
　　　　　　　　　　　　　　　玻璃紙

實驗步驟：

步驟1. 將3種顏色的玻璃紙分別平整蓋在3支手電
筒燈泡上，並用橡皮筋固定住。
步驟2. 打開手電筒，讓手電筒的光線同時照在白紙
上。
步驟3. 調整手電筒與白紙的距離。
步驟4. 紙上會出現由紅、藍與綠三色光線匯聚而成的
白光區塊。

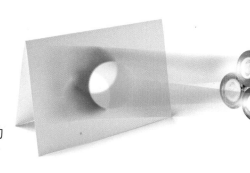

💡 **為什麼會這樣？**

當紅、藍與綠三色光線匯聚時，會形成近似白光的光線。人類的視覺會知覺為白光。

161. 泡泡彩虹

所需時間： 20分鐘　　難易程度：

所需用具：

泡泡水　　手電筒　　　白色卡紙　　溼的玻璃片

實驗步驟：

步驟1. 將玻璃片放在桌上。將白色卡紙立起放置在玻璃片後方10公分處。

步驟2. 將手電筒擺放在玻璃片前75公分處。

步驟3. 試著在玻璃片上吹個泡泡。

步驟4. 打開手電筒照向泡泡，就可以看到後方的白色卡紙上出現帶狀的色彩。

💡 **為什麼會這樣？**

白光是由7種顏色的光所組成。由於泡泡膜的厚度不一，所以當光線穿透泡泡的膜時，會分離成不同顏色的光。

162. 水瓶光束

所需時間： 10分鐘　　難易程度：

所需用具：

手電筒　　塑膠瓶　　　水　　　　釘子

實驗步驟：

步驟1. 在塑膠瓶側邊用釘子鑽個洞。

步驟2. 用手指蓋住小洞，然後在瓶中裝水。

步驟3. 打開手電筒從小洞另一邊的瓶身照光。

步驟4. 將手指移開小洞，並把手放在洞口流出的水柱下。你會看到手上有一個光點。

💡 **為什麼會這樣？**

在這個實驗中，光不是直線移動，還會「轉彎」到手上。這是因為水就像鏡子一樣，會讓光在水柱中一直反射，最後落在手上。

163. 創造日蝕

所需時間： 10分鐘　　難易程度： ▬ ▬ ▬

所需用具：

細繩　　乒乓球　　枱燈　　地球儀　　膠帶

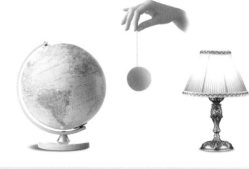

實驗步驟：

步驟1. 用膠帶將繩子黏在乒乓球上。

步驟2. 打開枱燈。將乒乓球掛在枱燈與地球儀之間。

步驟3. 觀察出現在地球儀上的陰影。

💡 **為什麼會這樣？**

在這個實驗中，枱燈代表太陽，乒乓球代表月亮。日蝕的發生如同實驗的情況一樣，是月亮移動到太陽與地球之間所產生。

164. 計算光速

所需時間： 5分鐘　　難易程度： ▬ ▬ ▬

所需用具：

巧克力塊　　盤子　　微波爐

實驗步驟：

步驟1. 關掉微波爐的旋轉功能。

步驟2. 將整條巧克力塊放進微波爐中。

步驟3. 啟動微波爐，並在看到巧克力表面稍微融化時關掉微波爐。

步驟4. 找出巧克力上最軟的兩個點，並量測兩點之間的距離。

步驟5. 將這個距離乘以2，然後再乘以微波爐的頻率。這就是光的速度啦！

💡 **為什麼會這樣？**

微波爐裡的微波移動速度跟光線一樣快。將微波的波長與頻率相乘就能算出光的速度。

165. 放大鏡打火機

所需時間： 🕐 30分鐘　　　　**難易程度：** ▪▪▫▫

所需用具：

放大鏡　　　　紙

實驗步驟：

步驟1. 在室外找個太陽大的地方。
步驟2. 將放大鏡置於紙張上方，讓陽光透過放大鏡聚焦在紙上的一點。
步驟3. 維持步驟2的姿勢一段時間，紙上很快就會燒出一個洞。

💡 **為什麼會這樣？**

放大鏡將太陽的光與熱聚焦在一點上所產生的熱足以燒焦紙張。（實驗完要注意火苗是否有熄滅，避免引發火災。）

🖐 166. 自製潛望鏡

所需時間： 🕐 1小時　　　　**難易程度：** ▪▫▫▫

所需用具：

白膠　　　美工刀　　　鏡子　　　　鞋盒　　　　膠帶

實驗步驟：

步驟1. 將鏡子貼在鞋盒的頂蓋，用美工刀割開三個邊（靠近頂蓋邊緣的那一面無需割開）。盒子底面的對邊也做相同處理。
步驟2. 將鞋蓋蓋著，分別將2個割開的紙面往內壓，調整至45度斜角。（此時2面鏡子的鏡面相對。）
步驟3. 立起盒子，調整2面鏡子的角度，直到可以從其中一面鏡子中看到從另一面鏡子反射過來的外面影像時，即可用白膠與膠帶把鏡子固定住。
步驟4. 再用膠帶將鞋蓋、鞋盒固定起來，潛望鏡就大功告成了。

💡 **為什麼會這樣？**

光線經由上方的缺口照到鏡子上，經由反射再射入下方的鏡子上，最後再反射到觀察者的眼中。

167. 彩色光

所需時間： 🕐 30分鐘　　　　難易程度： ▬ ▬ ▬

所需用具：

光碟片　　　美工刀　　　鋁箔紙　　　　　空紙盒　　　　透明膠帶　　　鉛筆

量角器　　　　　　尺

實驗步驟：

步驟1. 利用量角器，在紙盒頂面往下斜切出一條45度角的縫隙。此縫隙長約5公分，以能夠插入一半的光碟片為原則。

步驟2. 接著在距離這條縫隙約2公分處，橫切一道寬約5公分的縫隙（如圖所示）。

步驟3. 在紙盒的側面，距離頂端2公分處橫切出約1×5公分的缺口。

步驟4. 用膠帶將盒子沒有密合的地方封好，避免透光。

步驟5. 將光碟的亮面朝右插入45度角的縫隙中，並以膠帶黏貼固定。

步驟6. 把紙盒拿到光源下方。

步驟7. 從紙盒側邊的洞看進去，你會看見各種不同顏色的光。

💡 **為什麼會這樣？**

光線從縫隙進入當做分光器的光碟片上時，因為縫隙很窄，所以當光線碰到光碟片就會分離成7種顏色。於是當你從小長方形洞口觀察時，就會看到7種顏色的光線。

168. 自製望遠鏡

所需時間： 1小時　　　　**難易程度：** ▬▬▬

所需用具：

| 尺 | 膠帶 | 瓦楞紙 | 報紙 | 2個尺寸不同的放大鏡片 |

剪刀　　　　鉛筆

實驗步驟：

步驟1. 將較大的放大鏡片放在自己的眼睛與書頁之間，看到的字體會很模糊。

步驟2. 再將較小的放大鏡片放在眼睛與較大放大鏡片之間，調整之間的距離，直到字跡清楚為止。

步驟3. 量測2個放大鏡片間的距離，並記錄下來。

步驟4. 把瓦楞紙捲成上小下大的圓筒狀。將紙筒筒口較大的那一端用剪刀修剪成可以塞進並固定較大的放大鏡片的大小。

步驟5. 稍微用膠帶固定紙筒，接著以步驟4做出的洞口為起點，用尺量出先前記錄的距離並畫下標記，然後配合小的放大鏡片的大小微調此洞口大小。

步驟6. 將2個洞口用剪刀修平整。

步驟7. 將2片放大鏡片固定好後，大的放前面，小的靠近眼睛。這就成了可以觀察遠處的望遠鏡啦！

💡 **為什麼會這樣？**

較大的放大鏡會匯集遠處影像的光線，而小的放大鏡則可以放大這個影像。

169. 讓光轉彎

所需時間： 10分鐘　　　難易程度：▬▬≡

所需用具：

剪刀　　　　鞋盒　　　　手電筒　　玻璃罐　　水

實驗步驟：

步驟1. 在鞋盒的側面垂直剪出一道縫隙。
步驟2. 在玻璃罐中倒滿水。
步驟3. 將罐子放入盒中對著縫隙擺放。
步驟4. 連盒帶罐拿到漆黑的房間後，拿手電筒從盒外往縫隙處照進去。
步驟5. 你會發現光線會「轉彎」哦！

為什麼會這樣？

因為光線穿過空氣與水的速度不同，所以會產生「轉彎」或是折射的現象。當光線進入水中時會轉彎，而離開水中回到空氣裡時也會轉彎。

170. 紙片放大鏡

所需時間： 10分鐘　　　難易程度：▬▬≡

所需用具：

膠帶　　　　剪刀　　　縫衣針　　　鋁箔紙　　　厚紙板

實驗步驟：

步驟1. 在厚紙板中間剪出一個 3×3公分的正方形。
步驟2. 用鋁箔紙蓋在正方形洞上，並用膠帶固定四邊。
步驟3. 在鋁箔紙的正中央處用針戳個小洞（針孔）。
步驟4. 透過小洞看看書頁上的小字，注意觀察小字怎麼變大了。

為什麼會這樣？

當你從針孔看字時，物體經由針孔進入眼睛的光線角度較大，所以會在視網膜形成較大的影像。

171. 偏移的直線

所需時間： 10分鐘　　　難易程度：

所需用具：

| 鉛筆 | 尺 | 玻璃片 | 紙 |

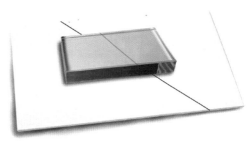

實驗步驟：

步驟1. 在紙上畫1條斜線。

步驟2. 將厚玻璃片放到紙張的斜線上。

步驟3. 調整觀察角度，直到厚玻璃片中的斜線和下面紙張的斜線看起來是一條連續的線。

步驟4. 拿起玻璃片後，就會發現玻璃將光線偏移的角度有多大了。

💡 **為什麼會這樣？**

光線在空氣與玻璃中的移動速度不同，因為速度不同所以產生了方向的改變。

172. 牛頓色盤

所需時間： 30分鐘　　　難易程度：

所需用具：

| 彩色筆 | 鉛筆 | 厚紙板 | 白膠 | 紙 | 剪刀 |

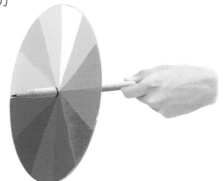

實驗步驟：

步驟1. 用彩色筆畫如圖所示的七彩色盤，或是從網路上列印下來也可以。

步驟2. 將色盤黏在厚紙板上，並待其乾燥。乾燥後沿著圖形剪下。

步驟3. 用剪刀在色盤中心點扎個洞。

步驟4. 將鉛筆插入洞中並旋轉色盤。

步驟5. 旋轉的色盤看起來是一整片白。

💡 **為什麼會這樣？**

白色光是波長不同的7種色光所組成。旋轉色盤會混合所有色光的波長，看起來就會是白色的了。

173. 黑色番茄

所需時間： 10分鐘　　　　**難易程度：** ▬ ▬ ▬

所需用具：

| 手電筒 | 橡皮筋 | 紅色的番茄 | 綠色玻璃紙 |

實驗步驟：

步驟1. 在手電筒的鏡面處包上綠色玻璃紙，並用橡皮筋固定。
步驟2. 在漆黑的房間，將手電筒的綠色光照在番茄上。
步驟3. 這時番茄看起來會是黑色的。

💡 **為什麼會這樣？**

物體反射的光線顏色就是我們所看到的物體顏色。番茄是紅色的，因為紅色以外的光線都被它吸收了，所以就只會反射紅色光。在手電筒射出的綠色光中，因為沒有紅色光可以反射，所以番茄看起來會是黑色的。

174. 果凍哈哈鏡

所需時間： 1天　　　　**難易程度：** ▬ ▬ ▬

所需用具：

| 手電筒 | 碗 | 水 | 2包果凍粉 | 砧板 | 湯匙 |

實驗步驟：

步驟1. 將水與果凍粉在碗中混合，接著倒入鍋中並放在爐火上煮至沸騰。
步驟2. 將沸騰的果凍液倒在碗中，放涼後置入冰箱冷藏一晚。
步驟3. 將果凍取出倒在砧板上。
步驟4. 用湯匙將果凍挖成不同形狀的鏡片。
步驟5. 拿手電筒對準這些「鏡片」照光，觀察光線如何折射。

💡 **為什麼會這樣？**

果凍的作用如同鏡片。當果凍被切成凹透鏡的形狀時，光線會發散。如果被切成凸透鏡的形狀時，光線就會聚集。

175. 自製針孔相機

所需時間： 30分鐘　　　難易程度：▬▬▬▬

所需用具：

紙盒　　　　　　鋁箔紙　　　　　膠帶　　　　剪刀　　　　縫衣針　　　　描圖紙

實驗步驟：

步驟1. 在紙盒的相對兩個側面，分別剪下一個方形的洞口。

步驟2. 在其中一個方形洞口蓋上一層鋁箔紙並用膠帶封邊，再用縫衣針在鋁箔紙上刺個小洞。

步驟3. 在另一個方形洞口蓋上一層描圖紙並用膠帶封邊。

步驟4. 用膠帶將紙盒的縫隙封好。

步驟5. 將針孔的位置朝向明亮的地方（例如：窗戶），就可以看到窗外的景像倒立在描圖紙上。

照相機如何作用？

真正的照相機與此實驗做出的針孔相機非常相似。相片膠卷上覆了一層感光物質，跟實驗裡的描圖紙具有同樣的功能。光線經由瞬間開關的快門（與針孔作用相同）進入照相機中。當光線落在膠卷上，膠卷就會捕捉住影像了。

為什麼會這樣？

光線以直線移動。因此，來自影像上方的光線會直線投影在銀幕上，而在影像下方的光線也會直線投影在銀幕上。但因為針孔的關係，光線會交錯投影，而形成倒立的影像。

176. 一閃一閃亮晶晶

所需時間：🕐 30分鐘　　　難易程度：▃▃▇

所需用具：

薄碗

水

鋁箔紙

LED手電筒

針

黑色顏料

水彩筆

彈珠

剪刀

毛毯

實驗步驟：

步驟1. 用鋁箔紙包住手電筒燈面。

步驟2. 如圖將鋁箔紙亮面朝上包住整個碗。

步驟3. 用鋁箔紙剪出一個可以完整蓋住碗口的圓形。

步驟4. 接著用黑色顏料塗黑這張圖形鋁箔紙不亮的那一面。

步驟5. 在碗中倒入3/4碗的水，並放入一些彈珠。

步驟6. 用剛才做好的圓形鋁箔紙蓋住碗口，塗黑面朝上。

步驟7. 用針在鋁箔紙上戳幾個洞。

步驟8. 在自己頭上蓋條厚毛毯後，用手電筒照鋁箔紙上的小洞。接著低頭看碗，就能見到「一閃一閃亮晶晶」了。

 為什麼會這樣？

手電筒的光線在鋁箔紙的反射下，在整個碗中來回穿梭。但因為有彈珠擋住，所以會產生陰影。不過就如同水流動那樣，光在此種情況下也會產生折射，所以光有時會傳到觀察者的眼睛中而有時不會。而這也就是星星之所以會閃爍的實際情況。當星星傳來的光線穿過大氣裡不同的氣層時，也會產生折射。

第 10 章

聽聽看

聲音原理實驗

試著想像一個沒有聲音的世界。你聽不到音樂、電視音響或甚至無法與人對話！

聲音以聲波傳遞，需要介質進行運送。因此，聲音會經由像水之類的液體、空氣之類的氣體與木頭之類的固體進行傳遞。你知道在真空狀態（沒有空氣）的太空中，太空人無法像我們這樣對談嗎？當他們不在太空艙中時，就得使用無線電與耳機來交談！

177. 音樂玻璃杯

所需時間： 10分鐘　　　　**難易程度：** ▬ ▬ ▬

所需用具：

4只玻璃杯　　　鉛筆　　　水

實驗步驟：

步驟1. 將所有玻璃杯排成一列。在第一杯中裝一點水。在第二杯中多裝一點水。如此類推，繼續裝完4杯水。

步驟2. 用鉛筆敲一下水最少的杯子，聽聽看聲音。再敲一下水最多的杯子，注意一下跟剛才的聲音有什麼不同。

步驟3. 好好享受樂曲創作吧！

 為什麼會這樣？

用鉛筆敲玻璃杯時會造成小小的振動，使得聲波在水中傳遞。杯中的水越多，振動會越慢，音調就會越低沉。

178. 鴨子叫

所需時間： 10分鐘　　　難易程度：

所需用具：

吸管　　　剪刀

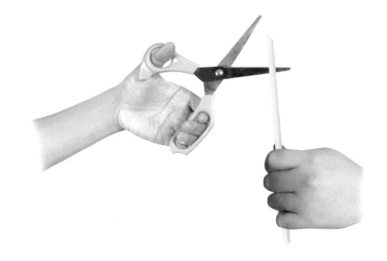

實驗步驟：

步驟1. 壓扁吸管一端的管口。
步驟2. 用剪刀將管口剪出一個倒V的尖端。
步驟3. 將尖尖的吸管口放進嘴巴中吹氣。
步驟4. 就會聽到像鴨子叫的聲音！

為什麼會這樣？

吸管口扁扁又尖尖的2片塑膠片就像樂器的簧片，在吹氣時會相互快速振動，產生聲音。

179. 吸管笛

所需時間： 10分鐘　　　難易程度：

所需用具：

吸管　　　剪刀

實驗步驟：

步驟1. 壓扁吸管一邊的管口。
步驟2. 用剪刀將壓扁的管口剪出一個倒V的尖端。
步驟3. 沿著吸管的管身剪出3個洞。
步驟4. 將尖尖的吸管口放進嘴巴中吹氣。
步驟5. 分別用手按住每一個洞後再吹氣。聽看看聲音有什麼不一樣！

為什麼會這樣？

管口尖尖的2片塑膠片開啟與閉合得非常快速。當它開啟時，空氣會流進吸管中，當它閉合時則會阻擋氣流。這樣的振動會產生聲音。當按住不同的洞時，會產生不同的振動頻率，而形成不同的音調。

 118

180. 杯子咯咯叫

所需時間： 🕐 15分鐘　　　　**難易程度：** ▬▬▬

所需用具：

塑膠杯　　　細繩　　　迴紋針　　　紙巾　　　剪刀　　　水

實驗步驟：

步驟1. 用剪刀在杯底中央鑽個洞。
步驟2. 將繩子的一端綁在迴紋針的中間。
步驟3. 將繩子的另一端穿過杯底的洞。
步驟4. 用手將杯子倒立握住。
步驟5. 將紙巾沾溼後折疊起來。
步驟6. 用折疊沾溼的紙巾包起杯子下方的繩子，並快速用力的拉繩子幾下。
步驟7. 你就會聽到很像母雞咯咯叫的聲音！

什麼會造成回音？

當聲音碰到一個表面後反彈，並比初始聲音還慢了些許才傳入聽者的耳朵，這樣的情況就叫回音。在偵測海洋的深度與尋找散落在海洋中的物品時，利用回音會非常有效。

 為什麼會這樣？

快速拉繩子會造成振動，進而產生聲音。杯子的形狀會放大聲音，引發出咯咯叫的有趣聲響。

181. 跳躍的米粒

所需時間： 10分鐘　　難易程度：▬▬▬

所需用具：

生米粒　　碗　　平底鍋　　湯匙　　保鮮膜　　橡皮筋

實驗步驟：

步驟1. 用保鮮膜封住碗口並用橡皮筋固定。

步驟2. 灑些米粒在保鮮膜上面。

步驟3. 拿起平底鍋靠近碗口，並用湯匙敲打鍋底，就會看到米粒跳躍起來了！

💡 **為什麼會這樣？**

聲音以波動傳送。當聲波在空氣中傳遞並撞擊到保鮮膜時，會讓保鮮膜產生振動。就是振動讓米粒跳躍起來。

182. 尖叫的玻璃紙

所需時間： 5分鐘　　難易程度：▬▬▬

所需用具：

玻璃紙

實驗步驟：

步驟1. 用兩手拇指與食指拉緊一張玻璃紙，並將玻璃紙擺在嘴唇下（如圖所示）。

步驟2. 閉起嘴唇在玻璃紙邊緣吹氣。

步驟3. 調整嘴唇與玻璃紙間的距離，直到聽到尖銳刺耳的聲音。

💡 **為什麼會這樣？**

嘴唇快速吹出的空氣會讓玻璃紙邊緣產生疾速振動，形成尖銳的聲音。

183. 湯匙鈴

所需時間： 5分鐘　　　難易程度：

所需用具：

剪刀　　　　　細繩　　　　金屬湯匙　　　　　桌子

實驗步驟：

步驟1. 將湯匙綁在繩子的中央。
步驟2. 將繩子的一端掛在右耳，另一端掛在左耳上。
步驟3. 走到桌旁，慢慢搖晃繩子，讓湯匙輕輕碰觸到桌緣。
　　　　這會產生類似敲鐘的聲音。

💡 **為什麼會這樣？**

當你搖晃湯匙輕敲桌子時，湯匙會開始振動。繩子會直接將振動傳進你的耳朵裡。

184. 消失的鈴聲

所需時間： 15分鐘　　　難易程度：

所需用具：

吸管　　　　黏土　　　　螺絲起子　　　密封罐　　鬧鐘或任何會持續
　　　　　　　　　　　　　　　　　　　　　　　　發出聲響的玩具

實驗步驟：

步驟1. 請大人幫忙用螺絲起子在密封罐蓋上鑽個洞。
步驟2. 開啟鬧鐘的鬧鈴後，將鬧鐘放進罐子中，再旋緊罐蓋。
步驟3. 將吸管穿過蓋子上的洞口，並用黏土封住周圍縫隙。
步驟4. 用吸管盡量吸出罐中所有空氣，在吸氣的空檔用手捏住吸管，防止空氣
　　　　跑進去。
步驟5. 鬧鐘的鈴聲會慢慢的消失。

💡 **為什麼會這樣？**

聲音需要介質傳遞，所以真空中不存在聲音。一旦罐子中的空氣全被吸出而呈現真空狀態，就聽不到鬧鐘的鈴聲了。

185. 瓶子管風琴

所需時間： ⏰ 10分鐘　　　　難易程度： ▬ ▬ ▬

所需用具：

幾支玻璃瓶　　　　水

實驗步驟：

步驟1. 將玻璃瓶排成一列。

步驟2. 在每個瓶子內裝水，水量依序遞增。

步驟3. 對每個瓶口吹氣，會聽到不一樣的聲音。

步驟4. 如果你懶得吹，也可以拿支木尺敲打每支瓶子，就可以當成鐵琴來玩！

💡 **為什麼會這樣？**

對瓶口吹氣時，就會有一部分的空氣進到瓶子內。一旦瓶子內的空氣滿了，就沒有空間給空氣流竄。於是瓶內會產生壓力直到這股氣流被推出瓶外，因此造成振動。當瓶子中的水量較多時，餘下的空間較少，所以振動就會較為短促，產生比較高亢的音調。

186. 傳聲筒

所需時間： 15分鐘　　　　難易程度：▅▬▬▬

所需用具：

| 細繩 | 2個錫罐（或紙杯） | 釘子 | 鐵鎚 |

實驗步驟：

步驟1. 剪一段約2公尺的繩子。
步驟2. 用釘子跟鐵鎚在2個罐子底部打個小洞。
步驟3. 將繩子穿過罐子底部，並綁個結固定。
步驟4. 自己拿起其中一個罐子，也請家人或朋友拿起另一個罐子站到遠處，將繩子完全拉緊。
步驟5. 將自己的罐子放到耳朵邊。
步驟6. 請朋友對著他手上的罐子講話讓你聽。然後，換你講話並請朋友拿著罐子聽。

💡 **為什麼會這樣？**

對著罐子講話會產生聲波，聲波在罐子底部被轉成振動。這些振動沿著繩子傳遞到另一個罐子，然後再轉回成為聲波。

187. 轟隆隆的氣球

所需時間： 🕐 5分鐘　　　　　　**難易程度：** ▬▬▬

所需用具：

銅板（或六角　　　氣球
形螺帽）

實驗步驟：

步驟1. 將1枚銅板放入還未吹起的氣球中，並將氣球吹大綁緊。

步驟2. 旋轉氣球讓銅板沿著氣球內壁轉圈圈。

步驟3. 這樣會聽到氣球發出轟隆隆的響聲！

💡 **為什麼會這樣？**

圓圓的銅板在氣球的內壁彈跳繞圈，會產生小小振動。而這些振動所帶出的聲音會被氣球裡的空氣放大，成了轟隆隆的響聲。（注：以六角形螺帽取代銅板，聲音會更響亮。）

188. 尺的聲音

所需時間： 🕐 5分鐘　　　　　　**難易程度：** ▬▬▬

所需用具：

鐵尺　　　　　　木板

實驗步驟：

步驟1. 將鐵尺擺在木板上，一邊凸出木板邊緣，另一邊用手壓住。

步驟2. 用另一隻手按壓鐵尺凸出木板邊緣的部分，然後再放開。

步驟3. 當鐵尺因而振動時，可以聽到低沉的聲音。

💡 **為什麼會這樣？**

所有聲音都是因為振動產生。當你放開尺時，它會振動，產生聲響。振動得越快，聲音就越高亢。

189. 鞋盒吉他

所需時間： 10分鐘　　難易程度：◼◻◻

所需用具：

橡皮筋　　　　硬紙盒

實驗步驟：

步驟1. 將盒蓋反蓋在盒底，再將幾條橡皮筋套在硬紙盒上。
步驟2. 拉一下橡皮筋再放開，注意聽聽發出的聲音。
步驟3. 將橡皮筋拉高一點再放開，注意聲音有什麼不同。

💡 **為什麼會這樣？**

在步驟2中，橡皮筋只被拉起一點，所以發出的聲音很微弱。但在步驟3中，橡皮筋被拉得比較高，所以振動比較大，聲音也會變大。

190. 音樂盒

所需時間： 30分鐘　　難易程度：◼◼◻

所需用具：

大型火柴盒　　4條橡皮筋　　厚紙板　　　白膠　　　剪刀

實驗步驟：

步驟1. 從厚紙板上剪下一個直角三角形。此三角形底邊的長度需與火柴盒的寬度一樣。
步驟2. 在三角形的斜邊上剪出4個溝槽。
步驟3. 用白膠將三角形的底邊黏在火柴盒上。
步驟4. 拉出內盒，將未露出的內盒用白膠與外盒相黏固定。待乾燥後將橡皮筋套在火柴盒上，並將每條橡皮筋卡在一個溝槽內。
步驟5. 撥動每條橡皮筋，每一條發出的聲音都不同。

💡 **為什麼會這樣？**

不同的振動會產生不同的聲音。橡皮筋被拉得越緊，發出的聲音就越高亢。

191. 釘琴

所需時間： 🕐 30分鐘　　　　　**難易程度：** ▬ ▬ ▬

所需用具：

8根長短不同的釘子　　鐵槌　　厚木板　　小木塊

實驗步驟：

步驟1. 將7根釘子排成一列釘在厚木板上，每根釘子由高到低依序釘好。

步驟2. 在小木塊上也釘根釘子。

步驟3. 使用小木塊上的釘子去敲打木板上的釘子，就能玩「釘琴」了。

步驟4. 釘子露出的高度會影響敲出的音調。

 為什麼會這樣？

木材是傳遞聲音的良好介質。使用小木塊上的釘子去敲打木板上的釘子時會產生振動，而木材則能夠傳遞振動。

192. 哀號的尺

所需時間： 🕐 5分鐘　　　　　**難易程度：** ▬ ▬ ▬

所需用具：

細繩　　　帶洞的鐵尺

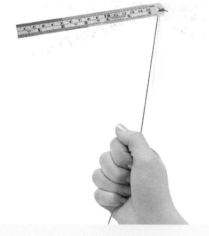

實驗步驟：

步驟1. 將繩子穿過洞口並綁緊。

步驟2. 甩動繩子，讓尺繞圈圈。

步驟3. 這時會聽到低沉的哀號聲。

 為什麼會這樣？

當你將尺繞圈甩動的速度快到高於音速時，會產生音爆，於是就產生了哭號的聲音。

193. 冰棒棍口琴

所需時間： 🕐 15分鐘　　　　難易程度： ▬ ▬ ▬

所需用具：

冰棒棍　　　橡皮筋　　　膠帶　　　牛皮紙　　　剪刀

實驗步驟：

步驟1. 將2根冰棒棍疊起來。

步驟2. 剪2條3×1公分見方的牛皮紙。

步驟3. 在疊起的冰棒棍兩端約1.5公分處各用一條牛皮紙條繞一圈後用膠帶固定。注意膠帶不可以黏到冰棒棍。

步驟4. 將底下的冰棒棍抽出來。

步驟5. 將一條橡皮筋套在上面冰棒棍的長端（水平方向）。

步驟6. 將底下的冰棒棍夾回去，注意橡皮筋只套在上面冰棒棍而已，不能繞到底下的冰棒棍。

步驟7. 將這把「口琴」放到嘴邊吹氣就會發出聲音。

我們怎麼說話？

所有聲音的基礎就是振動。說話的聲音實際上是從胃部與橫膈膜開始，它們將肺部的空氣推到喉頭，造成喉頭的聲帶振動，於是就產生了聲音。舌頭、嘴唇、牙齒與上顎亦有助於各種聲音的形成。

生活周遭的科學

💡 **為什麼會這樣？**
吹氣到橡皮筋上時，會讓橡皮筋在冰棒棍上產生振動，於是發出聲音。

194. 跳舞的鐵絲

所需時間： 10分鐘　　　　難易程度：▬▬▬

所需用具：

玻璃酒杯　　　　水　　　　　鐵絲

實驗步驟：

步驟1. 將2只酒杯間隔些微距離擺好，並在2個酒杯中各倒入1/2杯的等量水。

步驟2. 在1只酒杯的杯口橫擺一條鐵絲。

步驟3. 將手指沾溼後，去摩擦沒有鐵絲的酒杯杯緣。

步驟4. 另一只酒杯上的鐵絲會開始跳動！

 為什麼會這樣？

物體在相同的頻率上振動而導致鄰近物體也開始振動，這種現象就叫做「共振」。（注：杯子裡可以不加水，會讓實驗更容易成功，而以輕的吸管取代鐵絲，效果也會更明顯。）

195. 音樂鈕釦

所需時間： 10分鐘　　　　難易程度：▬▬▬

所需用具：

鈕釦　　　線

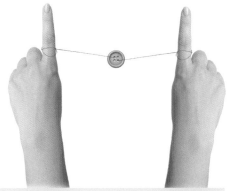

實驗步驟：

步驟1. 將線穿過鈕釦中的一個洞，再從另一個洞繞出來。將線的兩端纏繞在兩手食指上。

步驟2. 將鈕釦移動到線中間，用兩手的食指拉緊線（如圖所示）。

步驟3. 拉緊線後再放鬆，就會聽到悅耳的聲音。

 為什麼會這樣？

轉動的鈕釦與線會使周遭的空氣產生振動，發出悅耳的聲音。

196. 雨傘演說家

所需時間： 30分鐘　　難易程度：▭▭▰

所需用具：

架子　　　　膠帶　　　　鬧鐘　　　　2把雨傘

實驗步驟：

步驟1. 將2把雨傘拿到戶外置於地面，2把傘相隔約2.5公尺，把手相對。

步驟2. 如圖所示擺好架子，撐開雨傘將把手固定在架子上，把手要與地面平行。

步驟3. 開啟鬧鐘的鬧鈴並將其放在傘的不同地方，注意在哪個位置聽到的鬧鐘聲最大，就將鬧鐘用膠帶貼在那個地方。

步驟4. 走到另一把傘旁，將耳朵貼在另一把傘的同一個對應點上。

步驟5. 就會聽到鬧鐘振動的聲音！

 為什麼會這樣？

鬧鐘的聲波因為雨傘的形狀而放大。聲波從第一把雨傘反彈到第二把雨傘的對應點上，這就是為什麼你可以聽到鬧鐘聲的原因。

197. 自製聽診器

所需時間： 15分鐘　　　**難易程度：** ▬ ▬ ▬

所需用具：

漏斗　　　軟水管　　　剪刀　　　黏土

實驗步驟：

步驟1. 剪一段40公分長的水管。
步驟2. 在水管兩端接上漏斗。
步驟3. 用黏土將漏斗密封固定在水管的兩端上。
步驟4. 將一端的漏斗放在心臟的位置，另一端放在耳朵上。

💡 **為什麼會這樣？**

你會聽到自己的心跳聲！聲波經由水管傳送，並因漏斗的形狀被放大。

198. 吸管伸縮喇叭

所需時間： 10分鐘　　　**難易程度：** ▬ ▬ ▬

所需用具：

2根吸管　　　剪刀
（一粗一細）

實驗步驟：

步驟1. 將細吸管的一端管口壓扁，剪一個倒V的尖端。
步驟2. 將細吸管的另一端插進粗吸管中。
步驟3. 對著細吸管的尖管口吹氣。
步驟4. 拉長或縮短2根吸管重疊的部分，聲音就會不一樣！

💡 **為什麼會這樣？**

細吸管兩片薄薄的管口振動時會產生聲音。當吸管的長度比較短時，振動傳遞的距離比較短，而當吸管被拉長時，傳送的距離就比較遠。這會產生不同的聲調。

199. 做枝卡祖笛

所需時間： 10分鐘　　　難易程度：

所需用具：

　　　　鉛筆　　橡皮筋　　衛生紙　　紙捲筒

實驗步驟：

步驟1. 將一張衛生紙用橡皮筋套在紙捲筒的一邊。

步驟2. 用鉛筆在衛生紙上戳個小洞。

步驟3. 在捲筒的另一端哼唱，就會產生滑稽的聲音。

💡 **為什麼會這樣？**

對著紙捲筒哼唱或講話，就會讓另一邊的衛生紙振動。所有的振動只能從小洞散出，這就是為什麼聲音會這麼大的原因。

200. 捲筒鐵琴

所需時間： 30分鐘　　　難易程度：

所需用具：

細繩　　大縫衣針　　8個捲筒（可　　鞋盒　　鐵槌　　剪刀
　　　　　　　　　粗細不同）

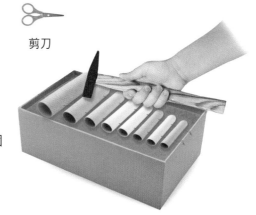

實驗步驟：

步驟1. 將捲筒依序一個剪得比另一個短些。

步驟2. 將捲筒由長到短用針將兩條細繩穿過捲筒固定，每穿個一個捲筒可稍微打結固定。

步驟3. 將串好的捲筒固定在鞋盒上（如圖所示）。

步驟4. 使用鐵槌敲打捲筒，會產生不同的聲音。

 為什麼會這樣？

比起短的捲筒，敲打長捲筒所產生的聲音較為低沉。這是因為長捲筒裡有較多的空間讓聲音振動。

201. 吹哨漏斗

所需時間： 🕐 10分鐘　　　　**難易程度：** ▬▬▬▬

所需用具：

哨子　　　線　　　漏斗

實驗步驟：

步驟1. 在漏斗的末端塞入一個哨子。
步驟2. 將線的一端繫在漏斗上，另一端繫在哨子上。
步驟3. 將整組東西拿著轉圈圈，哨子就會嗶嗶響。

💡 **為什麼會這樣？**
空氣快速流進漏斗中，並進到哨子裡吹出聲音。這與你吹哨子時，空氣從肺部快速進入哨子中的情況是一樣的。

202. 聽水器

所需時間： 🕐 15分鐘　　　　**難易程度：** ▬▬▬▬

所需用具：

剪刀（或美　　　水　　　　水桶　　　2顆石頭　　大塑膠瓶
工刀）

實驗步驟：

步驟1. 剪下塑膠瓶的底部。
步驟2. 在水桶中裝水。
步驟3. 將塑膠瓶放到水中。
步驟4. 將耳朵貼在瓶口。
步驟5. 將2塊石頭放在水裡接近瓶子的地方敲打。
步驟6. 敲打的聲音會被放大。

💡 **為什麼會這樣？**
聲音在密度較大的物質中傳遞較快。水的密度比空氣大，所以傳遞得較快，此外水也會放大聲音。

203. 紙筒擴音器

所需時間： 10分鐘　　難易程度：

所需用具：

膠帶　　　　紙　　　　剪刀

實驗步驟：

步驟1. 將紙捲成圓錐狀。
步驟2. 用膠帶固定做好的圓錐。
步驟3. 對著圓錐說話。
步驟4. 聽聽看自己的聲音是不是變大了。
步驟5. 將圓錐較小的孔放在耳邊，會發現所有聲音都變大聲了！

💡 **為什麼會這樣？**

錐筒的形狀會放大音量。聲音在錐筒的內壁反彈集中到小小的洞口中，就會放大音量。

204. 自製搖鈴

所需時間： 20分鐘　　難易程度：

所需用具：

釘子　　　鐵槌　　　塑膠瓶　迴紋針　　　筷子　　　黏土

實驗步驟：

步驟1. 請大人協助用鐵槌跟釘子在瓶蓋上打個筷子可以插進去的洞。
　　　　將筷子插進瓶蓋並用黏土封住周圍縫隙。
步驟2. 將迴紋針放進瓶子中並拴緊瓶蓋。
步驟3. 握住筷子拿起你的「搖鈴」，搖一搖並聽聽不同的聲音。

 為什麼會這樣？

迴紋針碰撞到瓶身會產生聲音。如果在瓶子裡放入不同材質的東西，聲音也會不同。

第 11 章
壓力之下

氣壓原理實驗

「氣壓」正如其名所示，就是由我們四周空氣所產生的持續壓力。氣壓的單位是「大氣壓」，代表符號是「kgf」。每平方公分會有1kgf的壓力，這代表你的手上無時無刻都有大約200 kgf的壓力存在！

按理來說，「跟空氣一般輕」的描述實際上是不對的，因為1公尺立方的空氣重達1.3公斤。而地球上所有的空氣可是重達5,000,000,000,000,000,000公斤哦！

205. 插進馬鈴薯中

所需時間： 🕐 5分鐘　　　　**難易程度：** ▬ ▬ ▬

所需用具：

吸管　　　　馬鈴薯

實驗步驟：

步驟1. 試著將吸管插入馬鈴薯中。應該不太容易成功。
步驟2. 將大拇指蓋在吸管的上方管口，再試插一次。
步驟3. 這次要插進馬鈴薯中就容易多了。

 為什麼會這樣？

用大拇指蓋在吸管口會讓管中的空氣無法從上方管口逸出。當你將按住的吸管插進馬鈴薯時，會壓縮到吸管裡的空氣，這讓吸管有足夠的力道刺進馬鈴薯中。

206. 光碟氣墊船

所需時間： 40分鐘　　　難易程度：

所需用具：

光碟片　　　氣球　　　白膠　　　鑽孔機（或使用　　瓶蓋
　　　　　　　　　　　　　　　　　鐵槌與釘子）

實驗步驟：

步驟1. 請大人幫忙用鑽孔機在瓶蓋上鑽個洞。
步驟2. 使用白膠將瓶蓋黏在光碟片的中央。
步驟3. 確保瓶蓋與光碟片之間黏牢，沒有縫隙讓空氣散逸。
步驟4. 捏好已吹氣的氣球吹口，並將吹口套在瓶蓋上。
步驟5. 將氣墊船放置到平滑的表面放開吹口，看它毫不費力的滑動。

為什麼會這樣？

氣球產生的氣流會在光碟片與平滑表面間產生流動的氣層。這會抬升光碟片並減低摩擦力，讓光碟片毫不費力的滑動。

207. 吸不到

所需時間： 5分鐘　　　難易程度：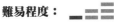

所需用具：

2根吸管　　　玻璃杯　　　飲料

實驗步驟：

步驟1. 在玻璃杯中裝滿飲料。
步驟2. 將2根吸管的一端放入口中。
步驟3. 將其中一根吸管的另一端放進飲料中，另一根吸管的另一端則懸空。接著試著吸飲料，但是只吸到空氣！

　為什麼會這樣？

吸吸管時會讓口中的氣壓變低，於是就會有其他東西來填補變低的氣壓。而因為氣體流動得比液體快，所以第二根吸管中的空氣會先進到口中，造成第一根吸管裡的飲料吸不進口中。

208. 旋轉罐子

所需時間： ⏱ 30分鐘　　　難易程度： ▬ ▬ ▬

所需用具：

| 鐵鎚與釘子 | 細繩 | 水 | 蠟燭 | 火柴（或打火機） | 飲料罐 | 水桶 |

實驗步驟：

步驟1. 在未開飲料罐下方擺個碗準備盛接流出的飲料。接著請大人用鐵鎚將釘子釘入飲料罐側面中間，並將釘子往右彎斜至釘身與罐身貼齊再拔出，弄出一個朝右的洞口。

步驟2. 在罐身的相對面中間處，也用相同方式打出另一個洞。

步驟3. 讓罐裡所有的飲料流光。

步驟4. 在水桶中裝滿水。

步驟5. 將罐子放進水桶中，讓罐中流入約1/4罐的水量。

步驟6. 將繩子綁在罐口拉環處，並吊起罐子。（因沸騰需要一些時間，可找個地方吊掛罐子。）

步驟7. 點燃蠟燭。

步驟8. 將罐子懸吊在蠟燭火焰上，直到罐中的水沸騰，這時罐子就會開始旋轉。

生活周遭的科學

蒸汽機如何作用？

蒸汽機是種能從蒸汽中獲得能量的機器。蒸汽機的能量來自鍋爐的熱，這就與在大鍋中裝滿水煮沸的作用極為相似。而蒸汽機不過就是本實驗的複雜版而已！

💡 **為什麼會這樣？**

水沸騰時會轉化成蒸氣。在罐中的蒸氣會產生壓力，開始從罐身側面的洞中逸出，使得罐子旋轉。

209. 口渴的蠟燭

所需時間：⏱ 15分鐘　　難易程度：▮▮▮

所需用具：

玻璃碗　　綠色墨水　　水　　蠟燭　　火柴（或打火機）　　玻璃杯（需高於蠟燭）

實驗步驟：

步驟1. 將蠟燭固定在碗中央。
步驟2. 在玻璃碗內裝些水，並加入2滴綠色墨水。
步驟3. 點燃蠟燭，接著把玻璃杯倒立罩住蠟燭。
步驟4. 綠色的水會被吸進玻璃杯裡頭去。

💡 **為什麼會這樣？**

當玻璃杯罩在燃燒的蠟燭上時，杯內的空氣受熱膨脹，造成較高的氣壓。杯內的高氣壓讓部分空氣往低氣壓的杯外逸出。而在罩上玻璃杯且蠟燭停止燃燒後，杯內的空氣會冷卻收縮，產生了空間讓水被「吸」入杯中。

210. 塌陷的罐子

所需時間：⏱ 20分鐘　　難易程度：▮▮▮

所需用具：

空飲料罐　　鐵夾　　隔熱手套　　深烤盤　　水　　湯匙

實驗步驟：

步驟1. 在深烤盤裡倒入冷水。
步驟2. 在空飲料罐裡加入1湯匙水。
步驟3. 戴好隔熱手套，並拿起鐵夾夾住飲料罐，在廚房火爐上煮到罐內的水沸騰。
步驟4. 用鐵夾將飲料罐倒立快速的放進深烤盤中，罐子幾乎馬上就塌陷。

💡 **為什麼會這樣？**

罐中的水沸騰會產生水蒸氣，將罐子中的空氣推到罐外。而當罐子倒置水中被突然冷卻時，水蒸氣會凝結，使得罐內呈現真空狀態，造成罐外氣壓大過罐內氣壓，於是就罐子就被壓扁了。

211. 氣球跑車

所需時間：🕐 45分鐘　　　　難易程度：▃ ▃ ▃

所需用具：

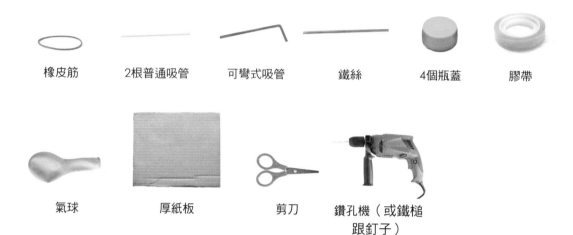

橡皮筋	2根普通吸管	可彎式吸管	鐵絲	4個瓶蓋	膠帶

氣球	厚紙板	剪刀	鑽孔機（或鐵槌跟釘子）

實驗步驟：

步驟1. 在接近厚紙板寬邊邊緣兩端，各擺放1根直式吸管。2根吸管平行橫跨厚紙板，並用膠帶固定。

步驟2. 在2根直式吸管中各放一條鐵絲。

步驟3. 請大人幫忙用鑽孔機在4個瓶蓋中央鑽洞，分別穿入2條鐵絲兩端固定好當做輪子，接著將厚紙板翻面。

步驟4. 將可彎式吸管較長邊的管子剪短。

步驟5. 將氣球吹口用橡皮筋綁在可彎式吸管的一端。

步驟6. 將可彎式吸管用膠帶固定在厚紙板上。（如圖所示）

步驟7. 經由可彎式吸管吹氣進氣球中，並用手指壓住管口，再將整台小車放在光滑平面上後放開吸管，觀察車子如何前進。

💡 **為什麼會這樣？**

當車子被放在光滑平面上並放開吸管後，車子會往吸管排出氣流的反方向移動。

212. 頑固的紙團

所需時間： 5分鐘　　　　**難易程度：** ▬▬▭

所需用具：

紙　　　　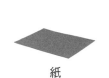
塑膠瓶

實驗步驟：

步驟1. 將塑膠瓶橫放在桌上。
步驟2. 將紙揉成小團，約是瓶口大小的一半。
步驟3. 將小紙團放在瓶口，並試著把它吹進瓶子裡。
步驟4. 無論吹得多用力，紙團還是馬上會回到你面前！

 為什麼會這樣？

流動空氣的氣壓會低於靜止空氣。當你對著紙團吹氣，吹出的氣流會偏移到瓶身內部兩側。因此每次對著紙團吹氣後，它還是馬上會回到你面前。

213. 相吸的蘋果

所需時間： 10分鐘　　　　**難易程度：** ▬▭▭

所需用具：

2顆蘋果　　　　
細繩

實驗步驟：

步驟1. 在2顆蘋果的梗上各綁上一條繩子。
步驟2. 將蘋果相隔5公分的距離掛在曬衣繩或窗簾杆上。
步驟3. 對著2顆蘋果的中間吹氣，它們就會互相吸引靠近！

 為什麼會這樣？

當你對著2顆蘋果的中間吹氣時，蘋果之間的氣壓會降低，造成蘋果兩側的靜止空氣會將2顆蘋果推近。

214. 棉花糖

所需時間： 20分鐘　　　難易程度：

所需用具：

吸管　　　鏡子　　　黏土　　　釘子　　　鐵槌　　　棉花糖　金屬蓋玻璃罐

實驗步驟：

步驟1. 請大人協助用鐵槌及釘子在金屬蓋中央打個洞。

步驟2. 將吸管插進蓋子的洞中，並用黏土封住周圍縫隙。

步驟3. 將棉花糖倒入罐中並蓋上蓋子。

步驟4. 在罐子前面擺放鏡子，讓自己從上方就可以看見罐裡的棉花糖。

步驟5. 用吸管將罐子中的空氣吸出，並從鏡子觀察棉花糖變扁的樣子！

棉花糖是怎麼做出來的？

棉花糖主要是圍繞著一堆氣泡的糖及水所構成。這就是為什麼它們這麼軟綿。若是將棉花糖放進微波爐中微波，其中的氣泡會膨大，棉花糖會變成原來約4倍大！

試試看吧！

 為什麼會這樣？

棉花糖中有很多氣泡，所以它並不是堅固的物質。將罐中的空氣吸出，會降低罐內的氣壓，也會讓棉花糖體積變小。

215. 氣壓噴泉

所需時間：⏰ 30分鐘　　難易程度：▬▬▬

所需用具：

鑽孔機　　2只玻璃罐　　2根顏色不同的吸管（1根需較長）　　水　　2種墨水　　深烤盤　　黏土

實驗步驟：

步驟1. 請大人協助用鑽孔機（或鐵槌跟釘子）在其中一只玻璃罐的蓋子上鑽2個洞。

步驟2. 將較短的吸管（如圖中黃色吸管）稍微插入瓶蓋上其中一個洞，接著將較長的那根吸管（如圖中紫色吸管）插入另一個洞中，深度約低於瓶身一半的高度。

步驟3. 用黏土封住吸管周圍的縫隙。

步驟4. 在罐內裝入半罐水，並加入黃色墨水。

步驟5. 在另一只罐子中也裝入半罐水，並加入藍色墨水。

步驟6. 將藍色水的罐子放在深烤盤中。

步驟7. 將附有吸管的蓋子蓋在黃色水的罐子上轉緊之後，倒立玻璃罐並把紫色那根吸管插到藍色罐子的水中。

步驟8. 讓黃色水順著黃色吸管流到深烤盤中，接著很快就可以看到罐子裡出現藍色的噴泉。

 為什麼會這樣？

當黃色水經由吸管從密封的罐子中流出時，罐中的氣壓會降低。於是另一個非密封罐中的藍色水會被大氣推進紫色的吸管中，然後噴出。

216. 不想飛的氣球

所需時間： 🕐 10分鐘　　　**難易程度：** ▬▬▬

所需用具：

氣球　　　吹風機

實驗步驟：

步驟1. 吹飽氣球並將吹口綁好。
步驟2. 打開吹風機。
步驟3. 將吹風機的吹口朝上，並將氣球放在吹風機的吹口上方。
步驟4. 看看你是否可以用吹風機帶著氣球跑。

💡 **為什麼會這樣？**

比起氣球周圍的靜止空氣，流動空氣的氣壓比較低。因此，氣球不但不會被吹風機的風吹走，還會更接近吹風機。

217. 玻璃杯裡的空氣

所需時間： 🕐 10分鐘　　　**難易程度：** ▬▬▬

所需用具：

玻璃杯　　深托盤（或水盆）　　　水

實驗步驟：

步驟1. 在深托盤中倒水。
步驟2. 將玻璃杯橫放在托盤上，讓玻璃杯浸水。
步驟3. 拿起裝了水的玻璃杯倒立放在托盤上。要確定倒立過程中，杯口都在水面下。
步驟4. 玻璃杯中的水還是會留在杯子裡！

💡 **為什麼會這樣？**

托盤中的水受到外在氣壓的壓迫，所以會阻擋杯中的水流出。

218. 盤子黏TT

所需時間： 10分鐘　　難易程度： ▬ ▬ ▬

所需用具：

| 小盤子 | 玻璃罐 | 紙巾 | 紙 | 水 | 火柴 |

實驗步驟：

步驟1. 將紙巾沾溼，折成方形。紙巾要折得比罐口大一些。
步驟2. 將紙巾放在盤子的中央。
步驟3. 撕張紙片，點燃後丟進玻璃罐裡。
步驟4. 將玻璃罐倒立蓋在溼紙巾上，直到裡頭的紙片燒完。這時拿起罐子會發現盤子也一起被拿起來了！

💡 **為什麼會這樣？**

將燃燒的紙片丟進玻璃罐中時，一開始罐內氣壓會增加，將部分空氣推到罐子外。當空氣冷卻後，壓力則會降低，產生真空狀態，所以盤子就被吸附住了。

219. 氣球火箭

所需時間： 20分鐘　　難易程度： ▬ ▬ ▬

所需用具：

| 氣球 | 細繩 | 椅子 | 吸管 | 膠帶 |

實驗步驟：

步驟1. 將繩子的一端綁在椅腳上。
步驟2. 將吸管穿進繩子的另一端。
步驟3. 用膠帶將氣球黏在吸管上，接著吹起氣球並先捏住吹口。
步驟4. 拉緊繩子。
步驟5. 放手讓氣球火箭發射！

💡 **為什麼會這樣？**

空氣快速從氣球的吹口排出，會讓小小的火箭往前衝。這就是所謂的「推進力」。

220. 自製氣壓計

所需時間： 🕐 20分鐘　　　**難易程度：** ▮▮▮

所需用具：

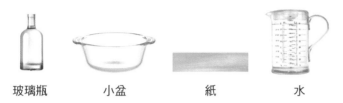

玻璃瓶　　　　小盆　　　　　紙　　　　　水

實驗步驟：

步驟1. 在玻璃瓶中裝入1/2瓶的水。另在水盆裡倒入半盆水。
步驟2. 將大拇指貼在瓶口，並把瓶子倒立放入水盆中。
步驟3. 在瓶身上貼1張長條紙，做成刻度標記用。
步驟4. 你會發現當氣壓高時，瓶中的水位會比氣壓低時要來得高。

 為什麼會這樣？

氣壓高時會迫使較多的水進入瓶子中，而氣壓低時，則會讓較多的水流到碗裡。這樣的水位變動可以拿來測量氣壓高低。

221. 飢餓的瓶子

所需時間： 🕐 10分鐘　　　**難易程度：** ▮▮▮

所需用具：

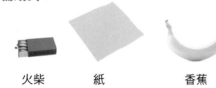

火柴　　　　紙　　　　香蕉　　　玻璃瓶

實驗步驟：

步驟1. 將紙撕成小片，放進瓶子裡。
步驟2. 點燃1根火柴並放進瓶子中，確定紙片有燃燒起來。
步驟3. 很快的將1根剝開的香蕉放在瓶口。將一小塊香蕉果肉塞入瓶內，香蕉皮則露在瓶外。
步驟4. 看看瓶子好像餓壞似的把香蕉吃進去！

 為什麼會這樣？

燃燒的紙片會用光瓶子裡的氧氣，造成瓶中的氣壓降低。所以瓶外的在氣壓就可以把香蕉推進瓶子裡了。

222. 吸管噴泉

所需時間： 10分鐘　　難易程度：▬▬▬

所需用具：

吸管　　軟木塞　　玻璃瓶　　　水　　　釘子

實驗步驟：

步驟1. 用釘子在軟木塞上打出一個吸管可以穿過的洞。
步驟2. 在瓶中倒入半瓶水後蓋上軟木塞，接著將吸管插入軟木塞中。
步驟3. 用嘴對著吸管吹氣後馬上移開。
步驟4. 你會看到水從吸管中噴出來。

為什麼會這樣？
吹氣會壓縮瓶內的空氣，增加瓶內氣壓。不再吹氣後，被壓縮的空氣再次膨脹，就會將水推出吸管外。

223. 卡住的玻璃杯

所需時間：🕐 10分鐘　　難易程度：▬▬▬

所需用具：

橡皮筋（直徑　2只玻璃杯　　紙　　火柴（或
略小於杯口）　　　　　　　　　　打火機）

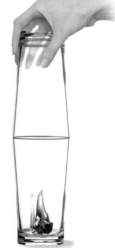

實驗步驟：

步驟1. 沾溼橡皮筋並將它拉開套在1只玻璃杯的杯緣上。
步驟2. 丟張燃燒的小紙片進玻璃杯中後，馬上將另一只玻璃杯倒蓋在原來的玻璃杯上。
步驟3. 紙片停止燃燒後，就會發現2只玻璃杯黏在一起啦。

為什麼會這樣？
燃燒紙片會造成2只玻璃杯中的氣壓變低。由於外在的大氣壓較高，所以會讓玻璃杯牢牢的黏在一起。

224. 馬鈴薯加農炮

所需時間： 15分鐘　　　　難易程度： ▪▪▪

所需用具：

 馬鈴薯　　　細的硬紙筒　　　鉛筆　　　刀子

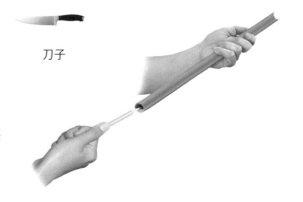

實驗步驟：

步驟1. 請大人幫忙將切馬鈴薯，大小剛好塞住硬紙筒。
　　　用馬鈴薯塞在紙筒一端的管口，注意馬鈴薯片要
　　　將管口完全封住。
步驟2. 另一端管口也塞好馬鈴薯。
步驟3. 用鉛筆快速推進一邊管口的馬鈴薯。
步驟4. 另一端管口的馬鈴薯會飛出去。

💡 **為什麼會這樣？**

這是最初階的空氣槍！藉由推動一端管口的馬鈴薯壓縮筒內的空氣，造成筒內氣壓上升，進而使得另一端管口的馬鈴薯射出。

225. 火焰殺手

所需時間： 20分鐘　　　　難易程度： ▪▪▪

所需用具：

蠟燭　　　小盆　　　食用醋　　　小蘇打粉　　火柴（或打　　玻璃罐
　　　　　　　　　　　　　　　　　　　　　火機）

實驗步驟：

步驟1. 將點燃的蠟燭固定在小盆中間。
步驟2. 在玻璃罐中倒入1/4罐的小蘇打粉，並倒入1/4罐的食用醋。接著
　　　輕輕搖晃罐子，兩者的混合液會開始冒泡泡。將混合液從蠟燭旁邊倒
　　　入小盆中，蠟燭的火焰就會熄滅。

💡 **為什麼會這樣？**

火焰需要氧氣才能燃燒。小蘇打及醋會反應生成二氧化碳。二氧化碳會讓火焰接觸不到氧氣，火焰就無法繼續燃燒了。

226. 氣往哪裡跑

所需時間： 10分鐘　　　**難易程度：** ▬ ▬ ▬

所需用具：

2顆氣球　　　　　　橡膠水管

實驗步驟：

步驟1. 將一顆氣球吹到正常大小。請別人幫忙拿著氣球並捏緊吹口。

步驟2. 將另一顆氣球吹到步驟1氣球的一半大小。

步驟3. 將2個氣球的吹口分別套在橡膠水管兩端。記得還是要捏緊2個氣球的吹口。

步驟4. 把氣球套好後，同時放開氣球的吹口，看看會發生什麼事。
　　　　出乎意料，較小的氣球竟然完全洩氣了。

💡 為什麼會這樣？

雖然大家都會預期大氣球中的氣會流進較小的氣球中，但實際情況卻完全相反。氣球內的氣壓與氣球的球面半徑有關，球面半徑越大，氣壓越小。因此，小氣球中的氣壓會高於大氣球中的氣壓，所以氣體會從小氣球（高壓處）流到大氣球（低壓處）裡去。

227. 空氣舉重機

所需時間： 10分鐘　　　　**難易程度：** ▬ ▬ ▬

所需用具：

氣球　　　　書　　　　　桌子

實驗步驟：

步驟1. 將氣球放在桌上，並將氣球的吹口懸在桌邊。
步驟2. 將書放在氣球上，蓋住半顆氣球。接著開始吹氣球。
步驟3. 你會看到氣球可以把書抬起來。

 為什麼會這樣？

吹氣到氣球中會增加氣球中的氣壓，於是氣球的氣壓會大於書本周遭的氣壓，因此很容易就能抬起書本。

228. 瓶中氣球

所需時間： 10分鐘　　　　**難易程度：** ▬ ▬ ▬

所需用具：

氣球　　　　塑膠瓶　　圖釘

實驗步驟：

步驟1. 將氣球放進瓶子中。將氣球吹口反套在瓶口上。
步驟2. 試著吹氣球。會發現很難吹起來。
步驟3. 用圖釘在塑膠瓶底部刺個洞，再試吹一次。這次就能吹起氣球。

 為什麼會這樣？

塑膠瓶底部沒有洞時，瓶內空氣會施壓在氣球上，讓氣球無法吹起。刺洞之後，氣球就能將瓶內空氣從小洞推到瓶外，讓氣球有空間漲大。

229. 飄浮的球

所需時間： 10分鐘　　　難易程度： ▬ ▬ ≣

所需用具：

可彎式吸管　　　乒乓球

實驗步驟：

步驟1. 將可彎式吸管彎成L型。
步驟2. 將吸管的長端放入嘴中。
步驟3. 將乒乓球放在吸管短端管口上之後從長端管口吹氣。你會看到乒乓球飄浮在空中哦！

 為什麼會這樣？
流動空氣的氣壓會低於靜止空氣。所以氣球周圍環繞著較高的氣壓，使氣球維持在吸管管口上。

230. 氣球吊車

所需時間： 15分鐘　　　難易程度： ▬ ≣ ≣

所需用具：

氣球　　　紙　　　玻璃罐　　　火柴（或打火機）

實驗步驟：

步驟1. 將氣球吹到比罐口大一點的程度後綁緊吹口。
步驟2. 點燃紙片並丟進罐中。
步驟3. 將氣球放在罐口。
步驟4. 當火熄滅後，拿起氣球。會發現連罐子也一起被拿起來了！

為什麼會這樣？
火焰燃燒消耗了空氣，降低了罐內的氣壓。於是罐外的氣壓會高於罐內的氣壓，進而將氣球更推進罐中，讓氣球與罐子結合得更緊密。

231. 氣球衝浪

所需時間： 🕐 15分鐘　　　**難易程度：** ▬▬▬

所需用具：

氣球　　　瓶蓋　　　釘子　　　深托盤（或浴缸）　　　水

實驗步驟：

步驟1. 請大人幫忙用釘子在瓶蓋上刺個洞。
步驟2. 吹起氣球，先不要綁住吹口，捏緊就好。
步驟3. 將氣球吹口套在瓶蓋上，記得還是要捏緊防止漏氣。
步驟4. 將氣球連瓶蓋一起放到裝水的深托盤上，鬆手看它會怎麼跑！

💡 **為什麼會這樣？**

當你鬆開氣球後，裡頭的空氣會從瓶蓋上的小洞快速竄出，因而推動氣球前進。

232. 氣球風車

所需時間： 🕐 15分鐘　　　**難易程度：** ▬▬▬

所需用具：

可彎式吸管　　氣球　　　膠帶　　　鉛筆（末端附　　　大頭針
　　　　　　　　　　　　　　　　　有橡皮擦）

實驗步驟：

步驟1. 將氣球吹口套在吸管長端管口，並用膠帶固定。
步驟2. 用大頭針將吸管固定在鉛筆的橡皮擦上，就做好了氣球風車。
步驟3. 從吸管另一端吹大氣球。
步驟4. 讓氣球中的氣釋出，看看風車怎麼轉！。

💡 **為什麼會這樣？**

當氣球中的空氣被推出去時，會經過吸管的管身，從另一端管口釋出，於是就會形成讓風車旋轉的動力。

233. 不會溼的報紙

所需時間： 10分鐘　　　**難易程度：**

所需用具：

報紙

玻璃杯

小盆

水

實驗步驟：

步驟1. 將一頁報紙塞進玻璃杯中。確認報紙緊緊塞住而且沒有超出杯緣。

步驟2. 將杯子倒立，垂直浸入裝水的小盆中。注意杯子不可以傾斜。

步驟3. 這樣放置10秒鐘後取出杯子。杯中的報紙就跟撒哈拉沙漠的沙子一樣乾燥！

💡 **為什麼會這樣？**

報紙與水之間隔著一層空氣。這層空氣會對水造成壓力，讓水無法碰到報紙。

234. 噴霧器

所需時間： 10分鐘　　　**難易程度：**

所需用具：

2根吸管

玻璃杯

水

實驗步驟：

步驟1. 將1根吸管插入1杯水中。

步驟2. 拿起另一根吸管放在原吸管管口處，以90度擺放（如圖所示）。接著用力對著吸管吹氣。

步驟3. 你會發現下方吸管內的水位會上升。

步驟4. 吹氣的時間夠長的話，很快就會出現噴霧的效果。

💡 **為什麼會這樣？**

對著吸管上方吹氣會產生低氣壓（也就是白努利定律所說的「流速大的地方，壓力就小」），讓吸管中的水位上升。

第12章
空氣教母

空氣實驗

雖然我們看不見、聽不到，也摸不著空氣，但到處都有空氣。事實上，我們甚至沒有注意到空氣的存在。不過若是試著屏住呼吸1～2分鐘，你一定會有沒氣的感覺！

本章中會應用到空氣的多種特性。其中你會學到5種特別的方法，讓你無需用嘴巴吹氣就可以吹起氣球。

235. 圈圈滑翔翼

所需時間： 15分鐘　　　　難易程度： ▬ ▬ ▬

所需用具：

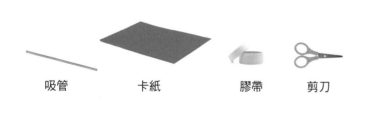

吸管　　　　卡紙　　　　膠帶　　　　剪刀

實驗步驟：

步驟1. 用卡紙剪出1條2.5×13公分的長條，做出1個小圈圈。

步驟2. 再用卡紙剪出1條2.5×26公分的長條，做出1個大圈圈。

步驟3. 用膠帶將2個圈圈分別黏在吸管兩端。

步驟4. 握住吸管管身，小圈圈在前，大圈圈在後，拿起整個滑翔翼，瞄準上方，用力射出去！

💡 為什麼會這樣？

2個圈圈可保持吸管的平衡。大圈圈具有「拖曳」的效果，讓機體能在空中滑翔，小圈圈則讓滑翔翼能固定方向前進。

236. 泡泡中的泡泡

所需時間： 🕐 10分鐘　　　**難易程度：** ▬▬▬

所需用具：

塑膠杯　　　吸管　　　泡泡水　　　水

實驗步驟：

步驟1. 萬一沒有泡泡水，可以將水、肥皂及甘油混合使用。
步驟2. 將杯子倒立放在像桌面上。
步驟3. 在杯底表面灑上一層水。
步驟4. 用吸管沾泡泡水在杯底外層弄個泡泡。
步驟5. 將吸管的一端放入泡泡水中沾溼。
步驟6. 輕輕的將吸管沾有泡泡水的一端插入剛做好的泡泡
　　　　中，並在裡頭吹個小泡泡。這樣就有泡泡裡的泡泡了！

泡泡怎麼形成的？

泡泡是肥皂與水包住空氣形成的。
當肥皂與水混合後，在其中吹入空
氣時，肥皂會形成薄膜包起空氣，
就成了泡泡。

 為什麼會這樣？

液體包起空氣所形成的球體就是泡泡。泡泡碰觸到乾燥的表面就會破掉。不過沾了泡泡水的東西可
以輕而易舉的進入泡泡中，不會弄破它。

237. 小旋風

所需時間： 10分鐘　　　難易程度：

所需用具：

| 鉛筆（末端附有橡皮擦） | 紙 | 大頭針 | 橡皮擦（或黏土） | 剪刀 |

實驗步驟：

步驟1. 用紙剪出一個正方形，將正方形沿著二條對角線對摺，找出正方形的中心點。
步驟2. 將鉛筆的筆尖插入橡皮擦中，另將大頭針插入鉛筆末端的橡皮擦裡。
步驟3. 將紙的中心點擺在大頭針上。
步驟4. 摩擦雙手後將手放在紙下，紙張會開始旋轉。

 為什麼會這樣？

手部摩擦所生成的熱會加熱周遭的空氣，於是空氣開始上升，造成紙張像有風通過般轉動。

---

238. 瓶子肚子餓

所需時間： 10分鐘　　　難易程度：

所需用具：

| 水煮蛋 | 玻璃瓶 | 2只耐熱碗 | 冰塊 | 熱水 |

實驗步驟：

步驟1. 將玻璃瓶放入裝有熱水的碗中5分鐘左右。
步驟2. 將玻璃瓶移到裝有冰塊的碗中。把蛋沾溼後，將蛋的尖端朝下擺在瓶口上，蛋會被吸進瓶子裡哦！

 為什麼會這樣？

當玻璃瓶裡的空氣被加熱時，氣壓會上升。而當玻璃瓶中的空氣被冷卻時，氣壓會下降。於是瓶外的大氣壓就會把蛋推進瓶子中。

239. 空氣會轉彎

所需時間： 🕐 10分鐘　　　　**難易程度：** ▆ ▆ ▆

所需用具：

紙　　　膠帶　　　書　　　塑膠瓶　　　水　　　剪刀　　　椅子

實驗步驟：

步驟1. 在紙上剪出一條2×10公分的長條，並將約1/3長的地方折起。

步驟2. 將紙條的短端用膠帶固定在椅子上，長端立起與椅子垂直。

步驟3. 在自己與紙之間立起一本書後，試著吹氣讓紙條飄動，但是沒有用。

步驟4. 拿開書本，換擺一瓶裝了水的瓶子。再吹看看，這次紙條會飄動。

空氣動力學

車、船與飛機會設計成流線形的原因，在於空氣擁有碰上圓弧型的物體就會「轉彎」的特性。這讓它們可以更快速的移動。

💡 **為什麼會這樣？**

對著立起的書本吹氣，氣流會被直接反彈回來。但空氣遇到圓弧形的表面時會轉彎，所以還是可以吹動紙片。

240. 煙霧瀰漫

所需時間： 15分鐘　　　　難易程度： ▬▬▬

所需用具：

玻璃罐　　　　水　　　　鋁箔紙　　　冰塊　　　　紙　　　火柴（或打
　　　　　　　　　　　　　　　　　　　　　　　　　　　　火機）

實驗步驟：

步驟1. 用鋁箔紙為玻璃罐做個「蓋子」。

步驟2. 取下蓋子，將玻璃罐的內部弄溼。

步驟3. 丟些燃燒的紙片進罐中。馬上用鋁箔蓋子封起罐口，並在鋁箔上面放顆冰塊。

步驟4. 罐子裡頭馬上變得煙霧瀰漫。

 為什麼會這樣？

燃燒的紙片會使罐中部分的水蒸發。這些因為蒸發而上升的水氣，碰觸到上頭冰冷的鋁箔紙後，再次凝結成水滴形成肉眼看得到的小水滴。

241. 旋轉紙片

所需時間： 10分鐘　　　　難易程度： ▬▬▬

所需用具：

紙　　　　　剪刀　　　大頭針　　　鉛筆（末端附
　　　　　　　　　　　　　　　　　　有橡皮擦）

實驗步驟：

步驟1. 從紙上剪下1長條後繞成螺旋狀。

步驟2. 將螺旋紙片的一端用大頭針鬆鬆的釘在鉛筆頂端的橡皮擦上。

步驟3. 連筆帶紙片放到爐子上方（也可以用1碗熱水代替），注意不要燒到紙張。

步驟4. 不多久就會看到螺旋紙片轉動！

 為什麼會這樣？

熱氣會上升，造成螺旋紙片隨之旋轉。

242. 空氣秤

所需時間： 15分鐘　　　難易程度：

所需用具：

蠟燭　　　　細繩　　　2個紙袋　　火柴（或打　　　木棍
　　　　　　　　　　　　　　　　　火機）

實驗步驟：

步驟1. 將2個紙袋倒立，將繩子一端穿過紙袋底部打結固定，再固定
　　　 在木棍兩端。
步驟2. 在木棍中央綁上繩子，拉起繩子讓木棍兩端維持水平平衡。
步驟3. 在其中一個紙袋下方擺放1枝燃燒的蠟燭。
步驟4. 就會看見紙袋開始緩緩上升使木棍傾斜。

💡 **為什麼會這樣？**
熱空氣會上升，連帶使紙袋抬升。

243. 神祕氣流

所需時間： 10分鐘　　　難易程度：

所需用具：

蠟燭　　　火柴（或打　　溫度計
　　　　　　火機）

實驗步驟：

步驟1. 先用溫度計確認房間內的溫度高於房間外。進入房間，將門半開著。
步驟2. 點燃蠟燭並將它放到離門片上方較近的地方。
步驟3. 你會看到火焰往「外彎」。
步驟4. 將蠟燭放到離門片下方較近的地方。
步驟5. 你會看到火焰往「內彎」。

💡 **為什麼會這樣？**
火焰在門上方會往「外彎」是因為熱空氣上升並散到室外。而火焰在門下方會往「內彎」則是因為
冷空氣會從下方流進室內。

244. 聽話的煙

所需用具：

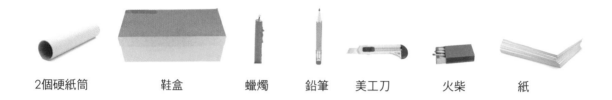

| 2個硬紙筒 | 鞋盒 | 蠟燭 | 鉛筆 | 美工刀 | 火柴 | 紙 |

實驗步驟：

步驟1. 將紙筒立起分別擺在鞋盒蓋上的兩邊。

步驟2. 用筆在盒蓋上描出紙筒筒口。

步驟3. 用美工刀割下步驟2畫出的2個圓形。

步驟4. 將圓筒插入割出的圓洞中，當作「煙囪」。

步驟5. 點燃蠟燭，放到鞋盒裡其中一個「煙囪」的正下方。之後將鞋盒的蓋子蓋上。請注意不要燒到紙筒或鞋盒。

步驟6. 撕張小紙片，點燃後吹熄。

步驟7. 將吹熄但仍冒煙的紙片放在沒有蠟燭的煙囪上。

步驟8. 煙會聽話的從有蠟燭的那個煙囪中排出。

💡 **為什麼會這樣？**

蠟燭耗盡鞋盒中所有的氧氣，因此外面的空氣會從另一個煙囪流進盒內。於是紙片冒的煙也一樣會進到盒子中，接著在盒中受到蠟燭加熱後，再跟隨熱空氣從有蠟燭的煙囪中冒出。

245. 煙圈

所需時間： 🕐 15分鐘　　難易程度： ▬ ▬ ▬

所需用具：

| 保鮮膜 | 膠帶 | 滑石粉（或痱子粉） | 鞋盒 | 美工刀 |

實驗步驟：

步驟1. 拿掉鞋盒盒蓋，在鞋盒其中一個寬邊割個洞。
步驟2. 在盒口覆上保鮮膜，四周用膠帶封緊。
步驟3. 從洞口灑些滑石粉。
步驟4. 拍拍上方的保鮮膜，就會看到煙圈從洞裡飄出來！

生
活
周
遭
的
科
學

渦流

「煙圈」的學名其實是渦流。當液體或是氣體產生旋轉或是循環流動時，就會形成渦流。渦流通常在水中出現，但空氣中有時也會產生渦流，比如龍捲風。

💡 **為什麼會這樣？**
滑石粉會以圈狀飄散出來，是因為滑石粉移動得比空氣慢，所以能維持住形狀。

246. 自動充氣氣球

所需時間： 20分鐘　　　　　**難易程度：** ▬▬▬

所需用具：

玻璃瓶　　　氣球　　　　熱水　　　　　　深烤盤

實驗步驟：

步驟1. 將氣球吹口套在玻璃瓶的瓶口。
步驟2. 將瓶子立放在裝有熱水的深烤盤中數分鐘。
步驟3. 你很快就會看到氣球漸漸脹大。

 為什麼會這樣？

瓶中的空氣遇熱膨脹，並進入氣球中，造成氣球開始膨脹。

247. 瓶子吹氣球

所需時間： 20分鐘　　　　　**難易程度：** ▬▬▬

所需用具：

吸管（或　　氣球　　　塑膠瓶　　　水　　　　檸檬　　　1茶匙（5毫
筷子）　　　　　　　　　　　　　　　　　　　　　　　升）小蘇打粉

實驗步驟：

步驟1. 將水倒進塑膠瓶中。
步驟2. 加入小蘇打粉，用吸管攪拌至完全溶解。
步驟3. 擠幾滴檸檬汁進瓶中，並快速將氣球套在瓶口上。
步驟4. 你會看到氣球漸漸脹大。

 為什麼會這樣？

在小蘇打中滴入檸檬汁會產生化學反應，釋放出二氧化碳。當二氧化碳上升從瓶口逸出進到氣球中，氣球就會脹大。

248. 酵母吹氣球

所需時間： 20分鐘　　　　難易程度：

所需用具：

酵母粉　　　塑膠瓶　　　2茶匙糖　　　　溫水　　　　氣球

實驗步驟：

步驟1. 在塑膠瓶中倒入約2.5公分高的溫水。
步驟2. 在瓶中加入酵母粉並輕輕搖晃幾秒鐘。
步驟3. 加入糖後再次搖晃。
步驟4. 將氣球套在瓶口處。在溫暖處靜置20分鐘。
步驟5. 看！氣球膨脹起來了！

💡 **為什麼會這樣？**
酵母粉與糖會反應生成二氧化碳，造成瓶中充滿二氧化碳。當二氧化碳越來越多時，就會流入氣球中。

249. 胃藥吹氣球

所需時間： 15分鐘　　　　難易程度：

所需用具：

1顆胃藥　　　塑膠瓶　　　食用醋　　　氣球　　　　溫水

實驗步驟：

步驟1. 在塑膠瓶中倒入一些醋。
步驟2. 丟1顆胃藥進瓶中，並立即將氣球套在瓶口上。
步驟3. 等個10分鐘左右，氣球就會膨脹起來。

💡 **為什麼會這樣？**
醋與胃藥（制酸劑）反應會生成二氧化碳，當氣球中充滿二氧化碳時，就會膨脹起來。

250. 汽水氣球

所需時間： 🕐 10分鐘　　　**難易程度：** ▬ ▬ ▬

所需用具：

氣球　　　1瓶汽水

實驗步驟：

步驟1. 倒出瓶中一半的汽水。
步驟2. 將氣球套在瓶口上。
步驟3. 稍微搖晃瓶子。
步驟4. 這時氣球會膨脹起來哦！

💡 **為什麼會這樣？**
汽水中的小泡泡是二氧化碳。當你輕搖瓶子時，二氧化碳會從瓶口逸出進到氣球中，造成氣球脹大。

251. 熱氣球

所需時間： 🕐 10分鐘　　　**難易程度：** ▬ ▬ ▬

所需用具：

膠帶　　　塑膠袋　　　吹風機

實驗步驟：

步驟1. 將1個塑膠袋展開後，用膠帶穿過袋口的提把後黏緊，把袋口縮小。
步驟2. 將塑膠袋的袋口套在吹風機的吹口上，打開吹風機，讓熱風直接吹進袋中。
步驟3. 幾秒後，塑膠袋中會充滿熱空氣。接著關上吹風機，並放開塑膠袋。
步驟4. 塑膠袋會開始上升到天花板，並在那兒停留一段時間。

💡 **為什麼會這樣？**
熱空氣膨脹上升時，會順便帶著「熱氣球」一同上升。

252. 空中衝浪

所需時間：10分鐘　　難易程度：▬▬▬

所需用具：

數顆氣球　　　　　　　小桌子

實驗步驟：

步驟1. 視桌子面積吹大數顆氣球並綁住吹口。
步驟2. 將1張小桌子倒立放在氣球上。
步驟3. 你會發現自己可以輕鬆愉快的站在桌子上，再多站一個人也沒有問題！

 為什麼會這樣？
當你站在桌上時，重量會分散在各個氣球上，所以它們不會爆掉。

253. 神奇手指

所需時間：10分鐘　　難易程度：▬▬▬

所需用具：

錫罐　鑽孔機（或開罐器）　水　碗

實驗步驟：

步驟1. 使用鑽孔機在錫罐底部鑽幾個洞，並在罐蓋也鑽一個洞。
步驟2. 將罐子拿到碗上方，打開罐蓋，先用手堵住罐底的小洞，然後把水倒入罐中後，再蓋上蓋子。在罐子下方放碗，此時放開堵住洞的手，罐中的水會從罐底的洞口流入碗中。
步驟3. 此時只需用你的「神奇手指」按住罐蓋上的洞，水就不會再流出了。

 為什麼會這樣？
用手按住罐蓋上的洞時。罐外的空氣就無法進到罐中，而外面的氣壓又會上向壓迫罐裡要流出的水，所以水就流不出來了。

第 13 章
綠油油

植物實驗

雖然植物不像我們可以走路、說話，但它們也是生物。它們需要時間生長，某些條件可以幫助它們生長，有些條件則否。

植物還有些迷人的特性值得玩味研究。舉例來說，你知道如何可以讓植物與地面平行生長嗎？或是你能將葉子的「綠色」取來出嗎？本章會教你這要怎麼做！

254. 有色葉子

所需時間： 2小時　　　　　**難易程度：** ▬▬▬

所需用具：

菠菜葉　　　　玻璃罐　　　　丙酮　　　　吸墨紙
　　　　　　　　　　　　　（去光水）

實驗步驟：

步驟1. 將菠菜葉搗成泥，並將菠菜泥裝進玻璃罐中。
步驟2. 將丙酮倒入玻璃罐中，蓋過菠菜泥。
步驟3. 將吸墨紙放進罐中。
步驟4. 幾小時後，你會看到吸墨紙上分離出好幾種顏色。

💡 **為什麼會這樣？**

丙酮能萃取出葉子的色素，再經由毛細現象被吸墨紙所吸收。接著因為丙酮揮發，所以紙上只剩下色素。

255. 變白的綠葉

所需時間： 7天　　　　　**難易程度：** ■■■

所需用具：

剪刀

迴紋針

植物

黑色圖表紙

實驗步驟：

步驟1. 剪幾張黑色圖表紙，並用圖表紙包住一些葉子。
步驟2. 將植物放在陽光充足的地方。
步驟3. 1週後，將黑紙取下。被包住的葉子不像其他葉子那般綠了。

 為什麼會這樣？

葉子會呈現出綠色，是因為它會製造一種稱為「葉綠素」的物質。有陽光的情況下才能製造葉綠素，被黑色圖表紙包起來的葉子因為無法接收陽光製造不出葉綠素，所以葉片就不會那麼綠了。

256. 種芽苗

所需時間： 數天　　　　　**難易程度：** ■■■

所需用具：

芽苗

棉花

容器

水

實驗步驟：

步驟1. 在容器底部鋪上沾溼的棉花。
步驟2. 將芽苗（如綠豆芽）放在沾溼的棉花上後移至窗臺照太陽。
步驟3. 棉花快變乾時，就再加些水弄溼。
步驟4. 芽苗在幾天間就會長大。

 為什麼會這樣？

植物需要水與陽光才能成長，所以芽苗會長出小小的根深入棉花之中吸水，而新芽在陽光照射下也會開始抽高長大。

257. 製造氧氣

所需時間： 2小時　　　　　**難易程度：** ▬ ▬ ☰

所需用具：

玻璃罐

海草

水

實驗步驟：

步驟1. 在玻璃罐中裝水。
步驟2. 將海草放入罐中。
步驟3. 將玻璃罐放置在陽光充足的房間。
步驟4. 靠近玻璃罐觀察，你會看到有氣泡升起。

 為什麼會這樣？
玻璃罐中的氣泡是氧氣。植物在白天會進行光合作用，吸入二氧化碳並釋放出氧氣。

258. 豆莖

所需時間： 數天　　　　　**難易程度：** ▬ ▬ ☰

所需用具：

豆子

玻璃罐

棉花

水

實驗步驟：

步驟1. 用棉花塞滿半個罐子。
步驟2. 將豆子放在棉花與罐身的交界處，好讓你容易觀察到豆子。
步驟3. 再用棉花塞滿整個罐子。
步驟4. 把水倒入罐中。
步驟5. 在接下來的幾天中觀察發芽的各個階段。

為什麼會這樣？
植物的芽從種子中冒出的過程就稱為發芽。植物的根都是向下生長，芽則是向上生長。

259. 嫁接植物

所需時間： 7天　　　　**難易程度：**

所需用具：

美工刀

模型黏土

番茄株

馬鈴薯株

繩子

實驗步驟：

步驟1. 將番茄株及馬鈴薯株的主幹靠在一起，並用繩子鬆鬆的綁在一起。

步驟2. 用美工刀將兩株靠近的地方削去莖皮，直到可以看到莖裡頭的管子為止。

步驟3. 將2株植物去皮處靠在一起用繩子緊緊纏繞起來，並用黏土密封固定。

步驟4. 1個星期之後，用美工刀將用繩子纏住部位以及以上的馬鈴薯原株及番茄原株切下，就創造出可以另外種植的「馬鈴茄」了。

 為什麼會這樣？

上述實驗程序稱為「嫁接」。嫁接後的新株會同時擁有原先2株植物的特性。

---

260. 煤灰印

所需時間： 30分鐘　　　　**難易程度：**

所需用具：

2只玻璃瓶

凡士林

隔熱手套

白紙

蠟燭

葉子

加熱時要小心，火具有危險性。

實驗步驟：

步驟1. 將凡士林塗在瓶身，請大人以隔熱手套拿著瓶口，將瓶身放在燭火上加熱，直到瓶身覆蓋一層煤灰。

步驟2. 在桌上放置1片葉子，葉脈凸出的那一面朝上。將滿是煤灰的瓶子放在葉子上滾動。

步驟3. 接著將葉子夾在2張白紙之間，用另一只乾淨的瓶子在紙上滾動。

步驟4. 將白紙翻面，就能看到葉子的煤灰印了。

 為什麼會這樣？

凡士林是由碳製成的產品。碳被加熱後，就會變成煤灰。

261. 種紅蘿蔔

所需時間：  2週　　　　**難易程度：**

所需用具：

紅蘿蔔　　　　容器　　　　刀子　　　　泥土

實驗步驟：

步驟1. 切下約1公分厚度的紅蘿蔔頭。
步驟2. 在容器中裝土。將切下來的紅蘿蔔頭放進容器中，切面朝下。
步驟3. 數天後，紅蘿蔔頭開始長出葉子。

 為什麼會這樣？
紅蘿蔔事實上是該植物的根。雖然它無法長出新的紅蘿蔔，但還是可以長出葉子。

262. 葉子會流汗

所需時間： 1天　　　　**難易程度：** ▄▄▄

所需用具：

線　　　塑膠袋　　　盆栽

實驗步驟：

步驟1. 將塑膠袋套在盆栽的部分葉子上。
步驟2. 用線綁住袋口。
步驟3. 隔天檢查袋子。
步驟4. 你會發現袋子裡有水滴。

 為什麼會這樣？
植物會因為水氣經由葉子喪失水分，這個過程就稱為「蒸發」。而流失的水氣會在塑膠袋上凝結成水滴。

263. 謀殺馬鈴薯

所需時間： 1天　　　難易程度：

所需用具：

2顆馬鈴薯　　刀子　　1茶匙糖　　水　　盤子

實驗步驟：

步驟1. 將1顆馬鈴薯用水煮熟，把它「殺死」。

步驟2. 接著將一顆生一顆熟的馬鈴薯都切成一半，各取其中一半。

步驟3. 然後在切半的馬鈴薯中間分別挖個洞。

步驟4. 將糖分別倒在馬鈴薯的洞中。

步驟5. 在盤子中裝水，將馬鈴薯放入水中。

步驟6. 24小時後再查看盤子。

步驟7. 熟馬鈴薯洞中的糖還在，但生馬鈴薯洞中的糖則都是水。

滲透作用

滲透發生時，水就會穿過像馬鈴薯皮這樣的半透表面。不過馬鈴薯不是唯一會讓水穿透表面並吸收水分的生物，人也不例外哦！將你的手放在水中20分鐘，看看手指變成什麼樣子就知道了！

生活周遭的科學

💡 **為什麼會這樣？**

水穿過生物細胞壁或細胞膜的過程就稱為「滲透」。水煮馬鈴薯的細胞已經死去，不會產生滲透作用，所以還是維持原狀。

264. 彩拓

所需時間： 20分鐘　　　　　　**難易程度：** ▬ ▬ ▬

所需用具：

| 顏料 | 白紙 | 葉子 | 托盤 | 滾筒刷 | 報紙 |

實驗步驟：

步驟1. 將顏料倒到托盤上，將滾筒刷滾過，以便沾上顏料。

步驟2. 將葉子鋪在報紙上，葉脈凸起的那一面朝上。

步驟3. 用沾有顏料的滾筒刷刷過報紙上的葉子。

步驟4. 將沾有顏料的葉面平鋪在白紙上均勻按壓。拿起葉子就能欣賞彩色拓印了。

 為什麼會這樣？

葉子是植物最活躍的部位。這些彩印可以協助我們研究葉子的結構。

265. 碳紙葉拓

所需時間： 20分鐘　　　　　　**難易程度：** ▬ ▬ ▬

所需用具：

| 葉子 | 凡士林 | 碳紙 | 白紙 | 筆 | 報紙 |

實驗步驟：

步驟1. 在葉脈上塗一層凡士林。

步驟2. 將葉脈朝上放到報紙上，並蓋上碳紙。

步驟3. 拿另一張白紙蓋在碳紙上。使用筆的平滑筆身按壓過整張紙。

步驟4. 取出葉子，另放在2張白紙之間，再用筆按壓一次，白紙上就會出現葉子的拓印。

為什麼會這樣？

碳紙上的碳墨轉印到葉子上後，再轉印至白紙上，而形成拓印。

266. 倒吊紅蘿蔔

所需時間：🕐 10天　　　　難易程度：▬▬▬

所需用具：

繩子　　　　水　　　　刀子　　　烤針（或鐵絲）　　　紅蘿蔔

實驗步驟：

步驟1. 找1顆頭還帶些葉子的紅蘿蔔。

步驟2. 在距紅蘿蔔頭處約5公分的地方切開。

步驟3. 請大人協助挖除中央的紅蘿蔔肉。

步驟4. 如圖所示，將烤針水平穿過紅蘿蔔，並用1條繩子綁住烤針兩端。

步驟5. 提起繩子，將紅蘿蔔以葉子朝下的方向懸掉起來。

步驟6. 在挖空的紅蘿蔔中裝水。

步驟7. 紅蘿蔔裡的水乾掉時就再加水進去。

步驟8. 很快的，蘿蔔頭上的葉子就會抵抗重力往上生長。

生活周遭的科學

為什麼根總是向下長？

沒有人知道正確答案，但植物能夠感受到重力。根總是會往重力的方向生長。而芽則會往重力的反方向生長。根的這種特性被稱為「向地性」。

 為什麼會這樣？

植物的芽總是會抵抗重力生長。但是紅蘿蔔事實上是該植物的根，它會吸收水分並輸送到葉子去。當葉子獲得足夠的營養可以生長時，它們就會抵抗重力生長。

267. 探索葉脈

所需時間： 🕐 14天　　　難易程度： ▬ ▬ ▬

所需用具：

2茶匙（10毫升）小蘇打粉

書

碗

1/2杯（125毫升）漂白水

黑色卡紙

帶莖的葉子

溫水

實驗步驟：

步驟1. 將2杯溫水（500毫升）與小蘇打粉倒在碗中混合。

步驟2. 將葉子浸泡在小蘇打溶液中。

步驟3. 然後放置在光線明亮處12天。

步驟4. 把葉子剪下夾在書頁之間靜置2天。

步驟5. 在碗裡混合1/2杯漂白水與2杯溫水（500毫升），接著放入葉子直到葉子變白。

步驟6. 取出葉子晾乾，並固定在黑色卡紙上。

步驟7. 你就可以清楚看到葉脈。

 為什麼會這樣？

葉子為植物製造養分，而養分是在葉脈中製造。植物的莖吸收與輸送小蘇打溶液到葉脈之中。把葉子放入漂白水溶液中時，所有的綠色色素（葉綠素）都會被漂白，但含有小蘇打的葉脈不會變白。

268. 馬鈴薯會轉彎

所需時間：🕐 4週　　　難易程度：▪▪▫

所需用具：

鞋盒　　發芽馬鈴薯　　剪刀　　土壤　　小玩具

實驗步驟：

步驟1. 用剪刀在鞋盒的一側寬邊剪個洞。
步驟2. 在洞的對邊放一些土壤。
步驟3. 將發芽的馬鈴薯擺在土壤上。
步驟4. 在鞋盒裡四處擺放些小玩具或甚至一些隔板。
步驟5. 蓋上鞋盒蓋後，將整個鞋盒擺在窗臺上。
步驟6. 4個星期後打開盒子，馬鈴薯發芽長出的枝葉會繞過小玩具往有光的洞口生長。

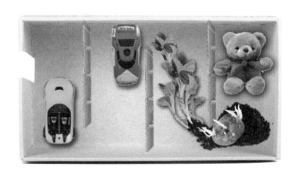

💡 **為什麼會這樣？**

植物的細胞對光敏感，讓植物知道要往哪個方向生長。

269. 反重力的植物

所需時間：🕐 幾週　　　難易程度：▪▫▫

所需用具：

種子　　土壤　　花盆　　水

實驗步驟：

步驟1. 將種子播種在花盆的土壤中。
步驟2. 每天澆水直到芽冒出。
步驟3. 一旦發芽的枝葉長到約10～13公分高時，就將花盆放倒。
步驟4. 幾個星期後，植物會「轉彎」，與地面垂直向上生長。

💡 **為什麼會這樣？**

無論處在什麼位置，植物都會抵抗重力。更動植物擺放方向時，植物也會改變生長的方向。

270. 長滿草的磚塊

所需時間： 2週　　　　難易程度：▬▭▭

所需用具：

| 未上釉的多孔磚 | 牧草種子 | 鐵盤 | 水 | 小盆 |

實驗步驟：

步驟1. 將磚塊放在裝水的盆中浸泡一晚。
步驟2. 隔天將磚塊放在鐵盤裡。
步驟3. 將牧草種子灑在磚塊上。
步驟4. 將鐵盤擺在陽光充足處，並加入半盤水。
步驟5. 幾天後就可以看到有牧草種子冒出芽來！

💡 **為什麼會這樣？**
雖然牧草一般不會長在沒有養分的磚塊上，但植物的適應力極佳，在艱難的環境中依然可以生存。

271. 種子球

所需時間：🕐 5天　　　　難易程度：▬▬▭

所需用具：

| 黏土 | 種子 | 土壤 |

實驗步驟：

步驟1. 將黏土塑成圓盤狀。
步驟2. 將種子及一些土灑在黏土盤上。
步驟3. 用黏土將種子及土包覆起來，並把黏土做成刺蝟的模樣。
步驟4. 把黏土球放在花園裡。一旦下雨，刺蝟的刺就會長出來了。

💡 **為什麼會這樣？**
黏土能保護種子不受風及鳥的侵擾，土壤則提供養分給種子。因此，種子可以安全的等到下雨，待黏土吸收水分後，種子就會發芽了。

第 14 章
活生生

人體實驗

我們的身體是最驚人的科學奇蹟之一。你知道自己的心臟一天跳動10萬次嗎？還有，如果將自己身上所有的血管頭尾相連起來，總長大約有9萬6千公里哦！雖然科學家已經知道人體許多功能，但仍有許多還是謎團。來吧！在本章中探索自我與身體吧！

272. 眼睛看見你

所需時間：🕐 10分鐘　　難易程度：■■■

所需用具：

小鏡子

椅子

實驗步驟：

步驟1. 坐在椅子上，身體右側靠牆。
步驟2. 請一位朋友坐在約1公尺遠處，一樣靠牆坐著。
步驟3. 如圖所示，用左手拿起鏡子靠在鼻子上。你可以從鏡子中看見牆。
步驟4. 調整鏡子至你只能用左眼看到朋友的臉，而右眼只能看到鏡子中的牆。
步驟5. 慢慢在你的左眼前移動右手。
步驟6. 當手移動到某個位置時，你就看不見朋友的臉了。這時如果把鏡子放下來（右手不要動），又可以看到朋友的臉。

💡 **為什麼會這樣？**

大腦會將雙眼傳來的訊息進行分析與整合。當兩隻眼睛看到完全不同的影像時，大腦會試著把兩個影像結合成一個影像。

273. 聞聞看

所需時間： 10分鐘　　　難易程度： ▬ ▬ ▬

所需用具：

眼罩　　　　屬於家中不同　　　椅子
　　　　　　　成員的衣服

實驗步驟：

步驟1. 戴上眼罩並坐在椅子上。
步驟2. 請朋友或家人一次拿1件你或你家人的衣服放在你鼻子前面。
步驟3. 試著猜猜衣服是誰的。

 為什麼會這樣？

人體製造的費洛蒙會產生氣味，讓每個人擁有自己特殊的氣味，而這類氣味很容易辨認。

274. 看見自己的心跳

所需時間： 10分鐘　　　難易程度： ▬ ▬ ▬

所需用具：

手電筒　　　　　　　床

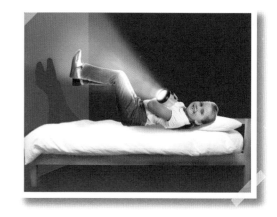

實驗步驟：

步驟1. 先跑到會感覺喘。
步驟2. 然後躺到床上，將手電筒放在自己的左胸上。
步驟3. 抬起雙腿對著牆壁。
步驟4. 讓手電筒的光照向雙腿。
步驟5. 你會看到雙腿的影子隨著心跳上下晃動哦！

 為什麼會這樣？

運動時，你的肌肉需要更多的氧氣，因而造成心跳加速。當心臟跳動時，會讓左胸上的手電筒輕微起伏，造成牆上的影子上下晃動。

275. 草莓DNA

所需時間： 1小時　　　　難易程度： ▄▄█

所需用具：

草莓　　5毫升酒精　　洗碗精　　1/4茶匙（1.25毫升）鹽　　夾鏈袋　　2個塑膠容器　　90毫升水

鑷子　　篩子

實驗步驟：

步驟1. 將酒精放進冷凍庫中。請務必提醒家人千萬別誤食！
步驟2. 將水、洗碗精與鹽倒到塑膠容器內混合。
步驟3. 把草莓放進夾鏈袋中，盡可能擠出袋中的空氣後封起。
步驟4. 用手把草莓壓成泥。
步驟5. 將草莓泥與步驟2做成的溶液過篩倒入另一個容器中。
步驟6. 將步驟5的溶液倒出50至100毫升後，再將酒精倒入其中。
步驟7. 溶液上層的白色部分就是草莓的DNA！
步驟8. 你可以用鑷子取出DNA。

為什麼會這樣？

所有生物都擁有DNA。洗碗精及鹽的混合溶液是做為萃取之用。洗碗精可以溶解細胞膜，而鹽可以破壞鍵結核酸的蛋白質鏈。最後，因為DNA不溶於酒精，所以就容易辨識了。

276. 保護膜

所需時間： 5分鐘　　　　難易程度： ▬ ▬ ▬

所需用具：

冰水

油脂

水桶（或碗）

實驗步驟：

步驟1. 挖1小匙油脂。
步驟2. 將油脂塗在一隻手指上。
步驟3. 將有塗油脂的手指及沒有塗油脂手指同時伸入裝有冰水的水桶中。
步驟4. 沒有塗上油脂的手指會先感覺冷。

💡 **為什麼會這樣？**

油脂會在你的皮膚上形成保護層，讓身體的熱不易流失在冰水中。鯨魚、海豹與其他的海洋動物通常有這樣的脂肪層，讓牠們免於在水中受凍。

277. 視野變大了

所需時間： 10分鐘　　　　難易程度： ▬ ▬ ▬

所需用具：

亮面紙

剪刀

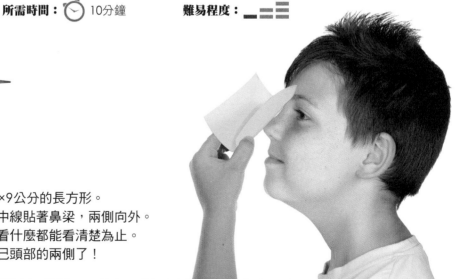

實驗步驟：

步驟1. 將亮面紙剪成一個30×9公分的長方形。
步驟2. 將長邊對摺，紙片的中線貼著鼻梁，兩側向外。
步驟3. 調整紙片的摺角直到看什麼都能看清楚為止。
步驟4. 這樣你就可以看到自己頭部的兩側了！

💡 **為什麼會這樣？**

這就是馬及兔子之類的動物所看到的世界。對牠們而言，擁有360度的視野是很重要的，這樣才能逃脫掠食者的追捕。

278. 幽靈魚

所需時間：🕐 15分鐘　　難易程度：▬ ▬ ▬

所需用具：

2張白色卡紙　　　　紅紙　　　　剪刀　　　　白膠　　　　簽字筆

實驗步驟：

步驟1. 在紅紙上畫一隻魚，並用簽字筆點上眼睛。
步驟2. 剪下魚並用膠水黏在一張白色卡紙上。
步驟3. 在另一張卡紙上畫一只魚缸。
步驟4. 將畫有魚的卡紙拿到明亮處。
步驟5. 凝視魚的眼睛10～15秒。
步驟6. 然後快速的注視另一張卡紙上的魚缸。你就會在魚缸中看到一條藍綠色的幽靈魚！

正殘像與負殘像

正殘像與原影像色彩相同，而負殘像則會呈現出原影像的互補色（像實驗中的魚一樣）。

💡 **為什麼會這樣？**

幽靈魚就是所謂的「殘像」。對色彩敏感的感光細胞位於我們眼睛的後端。長時間凝視紅魚時，對「紅色敏感」的細胞會感到疲勞。所以將目光移向白色卡紙時，眼睛只會感受到卡紙上反射出的綠光與藍光，卻感受不到紅光，所以你才會在魚缸中看到一條藍綠色的幽靈魚。

279. 只能嚐，不准聞

所需時間： 10分鐘　　　　**難易程度：**

所需用具：

生馬鈴薯　　　　蘋果　　　　削皮刀　　　　刀子

實驗步驟：

步驟1. 削掉蘋果與馬鈴薯的皮。

步驟2. 各切一塊大小相同的蘋果與馬鈴薯。

步驟3. 閉上眼睛，請大人將蘋果塊與馬鈴薯塊擺在一起。

步驟4. 捏住鼻子，各嚐一口。你會發現蘋果與馬鈴薯
嚐起來的味道都一樣。

💡 **為什麼會這樣？**

我們的鼻子與嘴巴有腔室連通，這表示我們吃東西的時候會同時嚐到與聞到食物。我們是綜合味覺與嗅覺來辨別正在吃的是哪一種食物，少了嗅覺的輔助，辨別能力就會減低許多，因而感覺東西嚐起來的味道都一樣。

280. 保存蜘蛛網

所需時間： 1小時　　　　**難易程度：**

所需用具：

蜘蛛網　　　噴膠　　金色噴漆　　黑色美工紙　　　亮光漆　　　硬紙盒

實驗步驟：

步驟1. 將硬紙盒擺在蜘蛛網後方，用金色噴漆噴向蜘蛛網。

步驟2. 將噴膠噴在黑色美工紙上。

步驟3. 將噴膠噴在噴膠未乾前，將黑色美工紙擺到蜘蛛網後再慢慢向
前移動，小心的讓蜘蛛網黏到紙上。

步驟4. 將噴膠噴將黏有蜘蛛網的美工紙擺進紙盒中，並在蜘蛛網塗上
就一層亮光漆，可以保存蜘蛛網了。

💡 **為什麼會這樣？**

亮光漆可以讓蜘蛛網保存數個月之久。蜘蛛網對蜘蛛而言非常重要，它可以協助蜘蛛捕捉獵物。

281. 手上破了一個洞

所需時間： 15分鐘　　**難易程度：** ▬ ▬ ▤

所需用具：

報紙

實驗步驟：

步驟1. 拿1張報紙，捲成圓筒狀。
步驟2. 將紙筒的一端拿近你的右眼。
步驟3. 在你的左眼前舉起你的左手。
步驟4. 睜大雙眼，直視前方。你會看見手上有一個洞！

💡 **為什麼會這樣？**
你的大腦接收了兩眼傳來的不一致影像，經整合後就成了你的左手上有一個洞！

282. 找出慣用眼

所需時間： 5分鐘　　**難易程度：** ▬ ▤ ▤

所需用具：

燈的開關

實驗步驟：

步驟1. 站在離燈開關3公尺遠處。雙眼凝視開關。
步驟2. 在自己眼前伸出右手拇指，直到拇指遮住開關為止。
步驟3. 慢慢閉上左眼。
步驟4. 若你無法看見開關，就表示你睜開的右眼是慣用眼。
步驟5. 若你還是看得見開關，就表示你閉上的左眼是慣用眼。

💡 **為什麼會這樣？**
這就像慣用手是右手或左手一樣，你也會習慣用一隻眼睛接收比較多的資訊。本實驗可以幫你找出慣用眼。

283. 把鳥關進籠子裡

所需時間： 10分鐘　　　　　**難易程度：** ▬▬▬

所需用具：

鉛筆　　　　2張白色小卡紙　　　白膠

實驗步驟：

步驟1. 在一張卡紙上畫個鳥籠，另一張卡紙上則畫隻鳥。

步驟2. 用膠水將2張卡紙背對背黏在鉛筆上。

步驟3. 雙手握住鉛筆快速旋轉，就會看見鳥被關到籠子中了。

💡 **為什麼會這樣？**

眼睛會存留1/16秒的殘影。這就是所謂的「視覺暫留」。當你看到鳥及籠子連續快速轉動時，2個影像會融合，於是看起來就像是鳥被關在籠子裡。

284. 眼睛與平衡

所需時間： 10分鐘　　　　　**難易程度：** ▬▬▬

所需用具：

鉛筆　　　　　　紙　　　　　碼錶

實驗步驟：

步驟1. 請家人或朋友用筆在紙上記錄你維持下列動作的時間。

步驟2. 首先，睜開眼睛並用單腳站立。

步驟3. 接著，閉上雙眼並用單腳站立。

步驟4. 比較步驟2及3的維持時間。你會發現睜眼時維持平衡的時間會比較久。

💡 **為什麼會這樣？**

為了維持平衡，我們會運用周遭環境中的許多參考點。少了眼睛幫忙觀看這些參考點，我們就容易失去平衡。

285. 指揮眼睛

所需時間： 10分鐘　　　難易程度： ▬▬▬

所需用具：

放蛋的硬紙盒

剪刀

針

實驗步驟：

步驟1. 從硬紙盒上剪下2個放蛋的凹槽。

步驟2. 在2個凹槽底部中央偏外一點的地方，用鉛筆刺個洞。

步驟3. 如圖所示，將2個凹槽分別置於兩眼前，並轉動蛋殼。
從小孔向外看，兩眼可以看往不同的方向！

💡 **為什麼會這樣？**
變色龍與其他爬蟲類所看見的世界就是這樣。牠們的雙眼可以看往不同方向。

286. 指紋

所需時間： 15分鐘　　　難易程度： ▬▬▬

所需用具：

鉛筆

紙

膠帶

放大鏡

實驗步驟：

步驟1. 用鉛筆在紙上畫，直到紙上畫出一層黑為止。

步驟2. 用手指磨擦塗墨處。

步驟3. 接著撕一條膠帶黏在磨擦過的手指上。

步驟4. 撕下手指上的膠帶，並把它黏到白紙上。

步驟5. 使用放大鏡觀察每個指紋。

💡 **為什麼會這樣？**
你每隻手指的指紋都不同。小寶寶出生5個月前，指紋就已經定型了，而且一輩子不會改變。

287. 誰是美食家

所需時間： 10分鐘　　　難易程度：▄▄▄▃▃

所需用具：

食用色素　　棉花球　　　紙　　　打洞機　　　鏡子

實驗步驟：

步驟1. 用棉花球沾點食用色素，並擦在舌頭上。（或是吃顆會在舌頭上留下顏色的糖果。）

步驟2. 在紙上打個洞，並將紙放在舌頭上。

步驟3. 看著鏡子，數一數露在小洞的舌頭上有幾個凸起的點點。點點越多，就代表你的味覺越靈敏！

💡 **為什麼會這樣？**

舌頭上的小凸起物就是味蕾。味蕾共有4種，可嚐出苦、酸、鹹與甜等味道。擁有的味蕾越多，嚐味的能力就越好。

288. 火柴棒脈搏計

所需時間： 10分鐘　　　難易程度：▄▄▄▃▃

所需用具：

圖釘　　　火柴棒

實驗步驟：

步驟1. 將圖釘插進火柴棒尾端，圖釘火柴棒需能在平面上立起維持平衡。

步驟2. 如圖所示，將圖釘頭放在手腕振搏最強的地方。

步驟3. 你會看到火柴隨著脈搏前後擺動！

💡 **為什麼會這樣？**

脈搏可以觀察得到也可以計算。6歲以上的小朋友是60～100下。

289. 自己做動畫

所需時間： 1小時 　　　　難易程度：

所需用具：

紙　　　　　釘書機　　　　鉛筆　　　　剪刀

實驗步驟：

步驟1. 剪下20～30張15×20公分的紙片。
步驟2. 將一疊紙片的一邊以釘書機釘起來。
步驟3. 接著從最後一頁紙開始畫圖（例如畫個人把手放下）。
步驟4. 在倒數第二頁上畫個幾乎一模一樣的圖，只做
　　　　一點點的變動（例如人的手微微抬起）。
步驟5. 在倒數第三頁上畫個變動再多一點的圖（例
　　　　如手再抬高一點）。
步驟6. 就這樣畫到最前頭第一頁為止。
步驟7. 接下來快速翻動書頁，就可以欣賞到動畫了！

 為什麼會這樣？

　　圖案看起來會動，是因為每張圖的畫面在消失後仍會在我們腦中短暫停留。這種現象稱為「視覺暫留」。快速翻動書頁時，因為前個圖案依然佇留在腦中，就會與眼前的圖案融合，形成了動畫。

第 15 章
抓到你了！

科學把戲與惡作劇

幾乎所有的魔術都是錯覺造成，而這些錯覺都建立在各種科學原理上。本章集結了許多「科學把戲」，讓你可以去騙騙朋友。用橡膠骨頭、消失的墨水、隱形墨水、消失的水等把戲來戲弄你的朋友吧！

290. 橡膠骨頭

所需時間： 🕐 3天　　　**難易程度：** ▬■■

所需用具：

雞骨頭　　　 帶蓋空罐　　　 食用醋

實驗步驟：

步驟1. 在空罐中倒滿醋，並將雞骨頭浸泡於醋中。
步驟2. 蓋上罐蓋，靜置3天。
步驟3. 3天後取出骨頭。
步驟4. 骨頭會變得如橡膠般有彈性，跟你當初放進罐子時的樣子完全不同！

💡 **為什麼會這樣？**

醋中的醋酸會溶解骨頭中的鈣。鈣是讓骨頭變硬的成分。骨頭中一旦沒有鈣，就成了具有可塑性的物質了。

291. 顏色變變變

所需時間： 30分鐘　　　　**難易程度：** ▬▬▬

所需用具：

| 玻璃杯 | 護目鏡 | 橡膠手套 | 1/2茶匙（2.5毫升）食用醋 | 水 | 1茶匙（5毫升）葡萄汁 | 1/8茶匙（約0.6毫升）氨水 |

實驗步驟：

步驟1. 戴上護目鏡及橡膠手套。

步驟2. 在第一個玻璃杯中倒入水及葡萄汁。

步驟3. 在第二個玻璃杯中倒入氨水。

步驟4. 在第三個玻璃杯中倒入醋。

步驟5. 找位觀眾。

步驟6. 從第一杯開始進行，向觀眾說明這是一杯沒壞的果汁。

步驟7. 將第一杯果汁倒進第二個杯子中，果汁會變成綠色。這時告訴觀眾，果汁現在壞掉了。

步驟8. 最後，請觀眾努力禱告，希望能讓果汁回復原狀。

步驟9. 再將第二杯中的果汁倒到第三個杯子中。瞧！果汁又變回原來的顏色了！

> **！** 本實驗中所製造出的任何果汁都不能喝。實驗進行時也必須戴上手套，因為氨水如果接觸到你的皮膚，會對皮膚組織造成傷害。

💡 為什麼會這樣？

當你將葡萄汁倒進氨水中時，會變成鹼性的溶液，因此呈現綠色。而在第三個玻璃杯中，酸性的醋會中和鹼性溶液，讓葡萄汁又回復原來的顏色。

292. 消失的墨水

所需時間： 15分鐘　　難易程度： ▬▬▬

所需用具：

澱粉　　　杯子　　　水　　　　碘酒　　　　紙　　　　棉花棒

實驗步驟：

步驟1. 在杯中混合水、碘酒與澱粉，直到呈現滑順的稀泥狀。

步驟2. 拿棉花棒沾一些稀泥，並在紙上寫字。

步驟3. 字跡一旦乾涸，只要用手擦拭，就會不見！

 為什麼會這樣？

碘讓稀泥帶有顏色。稀泥還未乾時，水分會讓稀泥留在紙上。稀泥一乾，很容易就能把它擦掉了。

293. 紙環

所需時間： 10分鐘　　難易程度： ▬▬▬

所需用具：

剪刀　　　　　　A4紙張

實驗步驟：

步驟1. 將紙張沿長邊對摺。

步驟2. 在對摺邊離左右兩端約2公分的地方各剪一刀，但不剪斷。

步驟3. 接著在對摺邊約中線的地方再剪一刀，但不剪斷。然後再在中線與前兩刀的中間各剪一刀，也不剪斷。接著除了最左右兩端的摺線不剪開外，其餘都剪開。

步驟4. 接著將紙反面，小心的延著兩裁切線中央都剪一刀，但都不剪斷。

步驟5. 稍微晃動紙張讓它散開，你就有頂可以套在脖子上的大紙環了。

 為什麼會這樣？

這個把戲的祕訣源自一個稱為「拓撲學」的數學分支。它教導我們，在面積不變的情況下，圖形依然可以擴張。詳細做法可參考QR Code連結。

294. 隱形墨水

所需時間： 20分鐘　　　難易程度： ▬▬▬

所需用具：

1/2顆檸檬　　水　　　碗　　　棉花棒　　白紙　　　熨斗

實驗步驟：

步驟1. 擠些檸檬汁到碗中，並加入幾滴水。
步驟2. 將水與檸檬汁混合。
步驟3. 用棉花棒沾些檸檬水。
步驟4. 用棉花棒在白紙上寫字。
步驟5. 用熨斗燙過寫字的地方，原本隱形的字就會現形了。

💡 **為什麼會這樣？**

加熱時檸檬汁會氧化變成咖啡色。而檸檬汁稀釋過後，除非加熱，不然很難看得出來。

295. 消失的水

所需時間： 10分鐘　　　難易程度： ▬▬▬

所需用具：

不透明馬克杯　　1湯匙聚丙烯酸鈉粉末　　水
　　　　　　（可在實驗材料行及網路上購買）

實驗步驟：

步驟1. 事先將聚丙烯酸鈉放到不透明的馬克杯中。
步驟2. 跟朋友說你可以讓水變不見。
步驟3. 在你朋友面前將水倒進馬克杯中。
步驟4. 幾分鐘後，把杯子倒過來。沒有東西流出來！

💡 **為什麼會這樣？**

聚丙烯酸鈉會吸水變成膠狀，它可以吸收多達本身重量200～300倍的水量。

296. 臭氣沖天

所需時間： 4天　　　難易程度： ▬▬▬

所需用具：

| 剪刀 | 玻璃罐 | 20根萬能火柴棒 | 2湯匙（30毫升）氨水 |

實驗步驟：

步驟1. 剪下火柴棒的頭。
步驟2. 將火柴棒頭放進罐中，接著加入氨水。
步驟3. 旋緊罐蓋，搖晃內容物。
步驟4. 靜4天再打開蓋子，真是臭氣沖天啊！

> ❗ 硫化氫、硫化銨氣體都易燃且具有毒性。請在通風處進行實驗，也請務必小心。

💡 **為什麼會這樣？**

萬能火柴棒頭是由硫化磷所製成。硫化磷與氨水（氫氧化銨）反應會生成一難聞的物質硫化銨。硫化銨會進一步分解出硫化氫氣體。

297. 燒不透的紙

所需時間： 15分鐘　　　難易程度： ▬▬▬

所需用具：

| 鉗子 | 100毫升酒精（濃度90%） | 蠟燭 | 100毫升水 | 紙 |

實驗步驟：

步驟1. 以1：1的比例將水及酒精混合。
步驟2. 將紙浸泡在步驟1的混合溶液中，直到完全溼透。
步驟3. 用鉗子把紙夾出來。
步驟4. 用打火機點起蠟燭，再用燭火點燃紙張，等等火焰就會熄滅了。

💡 **為什麼會這樣？**

當紙泡在酒精與水的混合溶液中時，酒精是附著在紙的外層。當紙被點燃時，只有外層的酒精被燃燒掉，紙內含的水分並未蒸發，所以火就燒不起來了。

第 16 章
水面之上

水實驗

我們都知道水占了地表的絕大面積。我們也知道水對人類生存有多重要。事實上，人體有70%是由水組成。

水有個值得研究的有趣特性，那就是表面張力。所謂的表面張力，就是水在表面形成薄膜般的能力（像是濃湯表面的那層東西）。

298. 發光的水

所需時間： 15分鐘　　　**難易程度：**

所需用具：

螢光筆　　　水　　　紫外線手電筒　　　玻璃杯

實驗步驟：

步驟1. 在玻璃杯中裝水，接著取出螢光筆的筆芯，將它泡在水中幾分鐘後取出。

步驟2. 將整杯水拿到漆黑的房間裡，打開紫外線手電筒照著水杯。請注意光線不可以照人，以免曬傷。

步驟3. 水會「閃閃發亮」。

 為什麼會這樣？

螢光筆的墨水含有磷光質，會將紫外線（非肉眼可見光）轉變成看得見的光（肉眼可見光）。這就是為什麼在暗室裡，水經紫外線的照耀會閃閃發亮。（注：實驗後的溶液請倒入馬桶中沖掉。）

299. 彩繪冰塊

所需時間： 15分鐘　　　　難易程度： ▄ ▄ ▄

所需用具：

數個大小不同
的保鮮盒

托盤

水彩顏料

水

鹽

實驗步驟：

步驟1. 在大小不同的保鮮盒中裝水，然後放進冰箱冷凍
　　　庫中靜置1晚。
步驟2. 隔天取出保鮮盒中的冰塊，放置於托盤上。
步驟3. 灑些鹽在冰塊上，等幾分鐘。
步驟4. 在冰塊上方滴些水彩顏料。
步驟5. 顏料會從冰塊流下，顯現漂亮
　　　的色彩！

💡 **為什麼會這樣？**

鹽會降低冰塊的冰點。所以把鹽加在冰塊上時，鹽接觸到的冰塊部分就會融化。於是鹽在冰塊上形
成溝渠，讓顏料可以流下來。

300. 瓶子裡的龍捲風

所需時間： 10分鐘　　　　**難易程度：**

所需用具：

亮粉　　　玻璃瓶　　　水　　　洗碗精

實驗步驟：

步驟1. 在玻璃瓶中倒入7～8分滿的水。
步驟2. 在瓶中加入幾滴洗碗精與一些亮粉。
步驟3. 緊緊旋上瓶蓋。
步驟4. 快速將瓶子轉圈數秒鐘。
步驟5. 停下來看看水中是否出現了小小的龍捲風。

💡 **為什麼會這樣？**
因為「向心力」的作用，將瓶子繞圈旋轉會讓水形成渦流，它起來就像小型的龍捲風。

301. 冰與熱

所需時間： 10分鐘　　　　**難易程度：**

所需用具：

熱水　　　冷水　　2只耐熱玻璃杯　藍色墨水　　滴管

實驗步驟：

步驟1. 在一只玻璃杯中裝入熱水，另一只玻璃杯中裝入冷水。
步驟2. 同時在2個杯子裡各加入1滴藍色墨水。
步驟3. 你會觀察到藍色墨水在熱水中擴散得比在冷水中快。

💡 **為什麼會這樣？**
分子在熱水中移動速度較快，所以藍色墨水在熱水中會擴散得比在冷水中還要快。

302. 跑跑胡椒粒

所需時間： 10分鐘　　　難易程度： ▬ ▬ ▬

所需用具：

胡椒粒　　　　水　　　　洗碗精　　　　碗

實驗步驟：

步驟1. 在碗中裝水。
步驟2. 灑些胡椒粒在水面上。
步驟3. 將一根手指伸進水中。沒什麼事情發生。
步驟4. 在手指上抹些洗碗精後，再伸進水中。
步驟5. 會發現胡椒粒快速移到碗的周圍。

💡 **為什麼會這樣？**
在手指上抹一層洗碗精後再伸進水中，會降低水的表面張力，使得胡椒粒向外擴散。

303. 防水保護膜

所需時間： 10分鐘　　　難易程度： ▬ ▬ ▬

所需用具：

滑石粉　　　　碗　　　　水　　　　硬幣

實驗步驟：

步驟1. 將1枚硬幣丟進1碗水中。
步驟2. 試著用手取出硬幣，但不弄溼手。不太可能，對吧！
步驟3. 擦乾手後，在水面灑一層滑石粉。
步驟4. 然後再伸手入水中取出硬幣，就不會弄溼你的手了！

💡 **為什麼會這樣？**
只要你將手伸進水中，手就會覆上一層滑石粉，滑石粉會在手上形成保護膜，所以手不會弄溼。

304. 跑跑火柴棒

所需時間： 10分鐘　　　**難易程度：** ▬▬▬

所需用具：

水　　　　大碗　　　　洗碗精　　　火柴棒

實驗步驟：

步驟1. 把水倒入碗中，並在水面上放置幾根火柴棒。
步驟2. 倒1滴洗碗精到碗中，就可以看見火柴棒在水面快速移動！

 為什麼會這樣？

液體的表面，都有收縮到最小面積的力在作用著，這個力就叫做「表面張力」。加入洗碗精會降低水的表面張力，將火柴推開。

305. 人造雨

所需時間： 30分鐘　　　**難易程度：** ▬▬▬

所需用具：

耐熱玻璃馬克杯　　電熱水壺

實驗步驟：

步驟1. 將馬克杯放進冰箱10分鐘。
步驟2. 倒些水進電水壺煮至沸騰。（或用普通的水壺煮一壺熱水。）
步驟3. 小心把冷卻過的馬克杯放在電水壺冒蒸氣的地方，會看到有水滴形成哦！

 為什麼會這樣？

水被加熱時，會形成水蒸氣上升。當水蒸氣接觸到冰冷的物品時，就會再次形成水滴。

306. 自製雨量計

所需時間： 🕐 30分鐘　　　　**難易程度：** ▬ ▬ ▤

所需用具：

| 塑膠瓶 | 幾顆石頭 | 膠帶 | 簽字筆 | 尺 | 水 | 美工刀 |

實驗步驟：

步驟1. 用美工刀切下塑膠瓶瓶口。

步驟2. 在塑膠瓶底部放置一些石頭。

步驟3. 將切下的瓶口倒立放在塑膠瓶上，並用膠帶固定。

步驟4. 使用尺與簽字筆在瓶身標上刻度，每個刻度間隔1公分。

步驟5. 倒水入瓶中直到水位的最低刻度。

步驟6. 開始下雨時可以將自製雨量計放在戶外，測量水上升的高度。

💡 為什麼會這樣？

雨落在塑膠瓶做的雨量計瓶口，然後流到可以測量水位高度的瓶裡，就能測量雨量。請在每次下雨時都拿出雨量計來測定雨量。試著確認每次下的是什麼樣的雨：是短暫雨或下個不停、是大雨還是小雨。

307. 水的力量

所需時間： 2小時　　難易程度：

所需用具：

塑膠瓶　　　水　　　　鋁箔紙　　　洗碗精　　　亮粉　　　橡皮筋

實驗步驟：

步驟1. 在塑膠瓶中注滿水。
步驟2. 加幾滴洗碗精及一些亮粉進去。
步驟3. 用鋁箔紙做個「瓶蓋」包住瓶口再用橡皮圈綁好，然後把塑膠瓶放入冰箱冷凍庫中。

步驟4. 2小時後檢查瓶子。你會發現瓶子裡的冰將鋁箔瓶蓋「推」出來了。

💡 **為什麼會這樣？**
大多數的物質都具有熱脹冷縮的特性。不過，水是個例外，它在冰凍後也會膨脹。

308. 逃不出去的水

所需時間： 10分鐘　　難易程度：

所需用具：

削尖的鉛筆　　　夾鏈袋　　　水

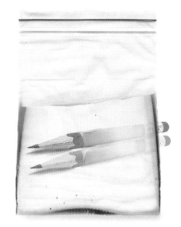

實驗步驟：

步驟1. 在夾鏈袋中倒入半袋水後密封。
步驟2. 用鉛筆刺穿夾鏈袋後不要拔出。
步驟3. 不論你拿多少枝鉛筆刺穿夾鏈袋，水都不會從袋中流出來！

💡 **為什麼會這樣？**
塑膠是聚合物。這表示塑膠是由類似分子的小型鏈結所組成。這些分子圍在鉛筆四周讓水流不出來。

309. 火柴棒魔術

所需時間：  10分鐘　　　**難易程度：** ▬ ▬ ▬

所需用具：

火柴　　　　肥皂　　　　水　　　　糖　　　　小盆

實驗步驟：

步驟1. 在盆裡裝水，然後讓火柴棒頭朝碗中央排成圈狀。
步驟2. 用肥皂在火柴中央的水中沾一下。
步驟3. 火柴棒會往盆子的邊緣流動。
步驟4. 改用一塊方糖在水的正中央沾一下，火柴會往碗中心流動。

💡 **為什麼會這樣？**

糖會吸收水，造成水向內流動，帶動火柴往碗中心移動。肥皂則會降低水的表面張力，將火柴推遠。

310. 漏油

所需時間： 10分鐘　　　**難易程度：** ▬ ▬ ▬

所需用具：

水桶　　　　水　　　藍色墨水　　植物油　　橡皮玩具

實驗步驟：

步驟1. 在水桶中裝半桶水。
步驟2. 加入藍色墨水。
步驟3. 將玩具放入水中。
步驟4. 將食用油倒進水桶，攪動產生波浪。
步驟5. 你會發現水跟油無法混合，而玩具上則會包覆著一層油。

💡 **為什麼會這樣？**

油的密度小於水，而且兩者無法混合。這就是海上漏油的情況，海洋生物會因被油包覆而死亡。

311. 下沉的彩色水

所需時間：  2小時　　　　　　**難易程度：** ▂▄▆

所需用具：

水　　　　　透明的碗　　　食用色素（或墨水）　　製冰盒

實驗步驟：

步驟1. 在製冰盒中裝水，並在每小格中滴入不同的食用色素後，放入冰箱冷凍庫做成冰塊。

步驟2. 在碗中倒入冷水。

步驟3. 將做好的冰塊放入碗中。

步驟4. 你會看到有顏色的水下沉。

 為什麼會這樣？

冰塊融化產生的水會比碗中的水更冰。這代表冰塊水的密度會大於碗中的水，所以有色的冰塊水就會下沉。

312. 浮起或沉下？

所需時間： 15分鐘　　　　　　**難易程度：** ▂▄▆

所需用具：

大小接近的萊姆及檸檬　　　小盆　　　　水

實驗步驟：

步驟1. 將萊姆及檸檬丟入一盆水中。

步驟2. 你會發現檸檬浮在水面上，萊姆卻沉下去。

 為什麼會這樣？

雖然在實驗中萊姆及檸檬的大小與重量差不多，但萊姆的密度大於檸檬，所以萊姆會沉下去而檸檬會浮上來。

313. 泡泡科學

所需時間： 15分鐘　　　難易程度：▬▬▬

所需用具：

黏土　　4湯匙（60毫　4又1/2杯　　牙籤　　洗碗精
　　　　升）甘油　（1125毫升）水

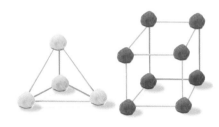

實驗步驟：

步驟1. 將洗碗精、水與甘油混合做成泡泡水。
步驟2. 用黏土與牙籤做成立體的泡泡架構。
步驟3. 可以做成圖示裡的三角錐或立方體。
步驟4. 將立體泡泡架構沾滿泡泡水，在未吹氣之前先觀察網上有趣的泡泡膜形狀。

為什麼會這樣？

泡泡總是會試著以最小表面積塑形。在空氣中泡泡都是圓形的。但使用特別的泡泡架構，就能做出意想不到的形狀。

314. 冰凍泡泡

所需時間：15分鐘　　　難易程度：▬▬▬

所需用具：

1/2杯（125毫升）　1/2杯（125毫升）　　水　　　泡泡棒
肥皂粉（或洗衣粉）　　糖

實驗步驟：

步驟1. 將肥皂粉與糖加入3杯水（750毫升）中混合。
步驟2. 打開冰箱冷凍庫，使用泡泡棒小心的對著冷凍庫裡吹泡泡。
步驟3. 泡泡很快會結凍成為脆弱的水晶球。

為什麼會這樣？

泡泡水的主要成分是水。當你將泡泡吹進冷凍庫中時，泡泡表面的水就會結冰。

315. 結晶

所需時間： 🕐 3小時　　　　**難易程度：** ▬▬ ▬ ≡

所需用具：

| 剪刀 | 黑色圖表紙 | 平底鍋 | 1/4杯（63毫升）水 | 碗 | 1湯匙瀉鹽（可在生機飲食店或網路購買） |

實驗步驟：

步驟1. 剪一張黑色圖表紙並把它鋪在平底鍋底部。
步驟2. 在碗中混合瀉鹽與水。
步驟3. 將鹽水倒入鍋中。
步驟4. 將整鍋拿到太陽底下曬。
步驟4. 幾小時後，你會看見紙上有許多小結晶！

💡 **為什麼會這樣？**

一開始將瀉鹽與水混合時，瀉鹽會溶解在水中。後來在太陽照射下，水分蒸發，就會留下結晶。

316. 肥皂動力船

所需時間： 🕐 15分鐘　　　　**難易程度：** ▬▬ ▬ ≡

所需用具：

| 洗碗精 | 名片 | 水 | 托盤 | 剪刀 |

實驗步驟：

步驟1. 將名片剪成船板的形狀。
步驟2. 在船板後方剪個凹槽。
步驟3. 將船放在裝滿水的托盤中。
步驟4. 滴1滴洗碗精到名片的凹槽處，你就會看到紙船前進了！

💡 **為什麼會這樣？**

加進1滴洗碗精會破壞水的表面張力，推動船前進。

317. 杯子煙火

所需時間： 10分鐘　　　　難易程度： ▬ ▬ ▬

所需用具：

叉子

2湯匙（30毫升）植物油

塑膠杯

水

各色墨水

透明長玻璃杯

實驗步驟：

步驟1. 在玻璃杯中裝水。再將植物油倒進塑膠杯中。

步驟2. 將各種墨水加入油中，用叉子輕輕攪拌。

步驟3. 將加了墨水的油倒入裝水的玻璃杯中，會看到墨水在沉到杯底的過程中像煙火那般擴散開來。

💡 **為什麼會這樣？**

因為油的密度小於水，所以它會浮在水面上。食用色素則下沉至底杯，過程中色素會與水混合並擴散開來。

✋ 318. 自轉瓶子

所需時間： 30分鐘　　　　難易程度： ▬ ▬ ▬

所需用具：

剪刀

塑膠瓶

吸管

透明膠帶

水

美工刀

細繩

實驗步驟：

步驟1. 用美工刀切下塑膠瓶瓶口。

步驟2. 用剪刀在瓶底戳6個洞。

步驟3. 將吸管剪成6段，分別插在瓶底的6個洞上，並用膠帶將吸管固定在洞口上，但不封住吸管口。

步驟4. 在瓶身上方邊緣再戳3個洞，並在每個洞上各綁一條繩子。

步驟5. 走到室外後，把水倒進瓶中，這時瓶子會開始旋轉哦！

💡 **為什麼會這樣？**

從小洞流出的水所產生的力量足以讓瓶子旋轉。

319. 漂浮的迴紋

所需時間： 5分鐘　　　　**難易程度：** ▃▃▃

所需用具：

| 1只透明水杯 | 1張乾淨的衛生紙 | 1個乾淨的迴紋針 | 1枝鉛筆 |

實驗步驟：

步驟1. 取1張乾淨的衛生紙撕下一小塊放在水的表面。

步驟2. 輕輕將迴紋針放到紙上，手不要碰到水跟迴紋針。

步驟3. 用鉛筆去戳衛生紙，讓它慢慢沉入水中。

步驟4. 迴紋針還是會浮在水面上。

💡 **為什麼會這樣？**

迴紋針因為水有表面張力的關係，所以不會沉入水中。在某些情況下，表面張力能夠將水分子緊緊連結在一起，為較輕的物體創造出一個平台，使它們不會沉入水中。

320. 漂浮的球

所需時間： 15分鐘　　　　**難易程度：** ▃▃▃

所需用具：

乒乓球　　塑膠杯　　水

實驗步驟：

步驟1. 在杯中裝半杯水。試著讓乒乓球浮在杯子正中央。這很困難，對吧？

步驟2. 接著把水倒入杯中至幾乎要滿出來為止。瞧！現在要讓球維持在杯子正中央就簡單多了。

💡 **為什麼會這樣？**

當杯中的水半滿時，表面張力會將球推到邊緣處，但當杯中注滿水時，水面中央會因為表面張力微微凸起，於是乒乓球就能浮在最高處。

第 17 章
嚇一跳

靜電原理實驗

如果你曾在乾燥的冬日早晨碰觸其他人或物品時，突然有觸電的感覺，那麼你就是感受到靜電了。

帶有負電荷的小粒子（也就是電子）從一個物體跳到另一個物體上時就會產生靜電。靜電實驗非常有趣哦！

321. 把水折彎

所需時間：⏱ 10分鐘　　　　難易程度：▬▬▬

所需用具：

從水龍頭流出的細小水流　　　　塑膠梳子

實驗步驟：

步驟1. 打開水龍頭，讓細小的水流流下來。
步驟2. 用梳子梳頭髮大約10次。
步驟3. 慢慢將梳子移向水流處（不能接觸到水流）。
步驟4. 你會看到水「折彎」了。

💡 **為什麼會這樣？**
梳頭髮所產生的靜電會吸引水流，將水流拉往或推離梳子。

322. 罐子跟班

所需時間： 10分鐘　　　**難易程度：**

所需用具：

已充氣氣球　　　鋁罐　　　羊毛衣物

實驗步驟：

步驟1. 將氣球放在羊毛衣物上磨擦。
步驟2. 將鋁罐平放在桌上。
步驟3. 將氣球靠近鋁罐，會發現鋁罐往氣球的方向滾動。
步驟4. 慢慢移動氣球，讓罐子跟著氣球跑。

💡 **為什麼會這樣？**

將氣球放在羊毛衣物上磨擦會產生靜電。這是因為羊毛裡帶負電荷的粒子（電子）移動到氣球上的緣故。而不帶電荷的鋁罐則會被帶有負電荷的氣球吸引，因而跟著氣球移動。

323. 魔術吸管

所需時間： 10分鐘　　　**難易程度：**

所需用具：

羊毛衣物　　　塑膠吸管　　　保麗龍球

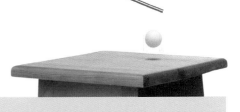

實驗步驟：

步驟1. 用羊毛衣物的一角包起吸管，磨擦20次。
步驟2. 將具有魔力的吸管置於保麗龍球上方，會看到保麗龍球神奇的跳起來。

💡 **為什麼會這樣？**

用羊毛衣物磨擦吸管，會讓吸管帶有電荷。吸管具有電力後可以吸引保麗龍球之類的東西。

324. 變身帶電超人

所需時間： 15分鐘　　　難易程度：

所需用具：

玻璃板　　　　　一片毛草　　　　水龍頭

實驗步驟：

步驟1. 在乾燥的日子裡，將玻璃板放在接近廚房流理台的地板上。
步驟2. 站在玻璃板上。請大人用毛草磨擦你的背數次。
步驟3. 請大人幫忙打開手水龍頭，接著慢慢將你的手指靠近水龍頭。你應該會看到火花，因為你剛剛讓自己變成帶電超人了！

 為什麼會這樣？

你的背部被毛皮磨擦後，你就成了電的導體。不過因為你站在玻璃板上，所以你會保持絕緣，避免受到觸電的傷害。

325. 跳舞的衛生紙

所需時間： 15分鐘　　　難易程度：

所需用具：

玻璃片　　　　2本厚書　　　　羊毛衣物　　　　衛生紙

實驗步驟：

步驟1. 將玻璃片架在2本厚書之間。
步驟2. 將衛生紙撕成小片，放在玻璃片下方。
步驟3. 使用羊毛衣物磨擦玻璃片。
步驟4. 會發現紙片跳起舞來。

 為什麼會這樣？

使用羊毛衣物磨擦玻璃會產生靜電，把衛生紙吸起來。

326. 跳躍的胡椒粉

所需時間： 10分鐘　　　**難易程度：** ▬▭▭

所需用具：

胡椒粉　　　　　塑膠盒　　　　　羊毛衣物

實驗步驟：

步驟1. 在小小的塑膠盒中灑一層胡椒粉。
步驟2. 關上盒蓋，用羊毛衣物磨擦盒蓋。
步驟3. 打開盒蓋時就會看到胡椒粉跳起來吸在盒蓋上。

 為什麼會這樣？
用羊毛衣物磨擦盒蓋會產生靜電，將胡椒粉吸引過來。

327. 分開鹽與胡椒粉

所需時間： 10分鐘　　　**難易程度：** ▬▬▭

所需用具：

鹽　　　　胡椒粉　　　塑膠湯匙　　　　羊毛衣物

實驗步驟：

步驟1. 在桌面灑一些鹽及胡椒粉，並將它們混合在一起。
步驟2. 使用羊毛衣物磨擦湯匙。
步驟3. 將湯匙置於混合的胡椒鹽上方，慢慢往下靠近。
步驟4. 胡椒粉會跳起來吸在湯匙上。

為什麼會這樣？
當湯匙帶有電荷時，鹽及胡椒粉都會受到吸引。不過因為胡椒粉比鹽輕，它會先跳起來吸在湯匙上。

328. 搖擺的玉米片圈圈

所需時間： 🕐 10分鐘　　　　難易程度： ▬ ▭ ▭

所需用具：

塑膠梳子　　　　線　　　未受潮的玉米片　　門把
　　　　　　　　　　　　　圈圈

實驗步驟：

步驟1. 把玉米片圈圈捲在繩子一端。

步驟2. 將繩子另一端綁在金屬門把上。

步驟3. 用乾燥的梳子快速梳頭髮約20次。

步驟4. 接著拿梳子靠近玉米片圈圈，玉米片圈圈會擺盪接近並碰到梳子。

步驟5. 再等幾秒鐘後，玉米片圈圈會跳走。

步驟6. 每次試著把梳子靠近玉米片圈圈時，它就會跳走。

步驟7. 你可以用這種方式控制玉米片圈圈，就像控制遙控車一樣！

應用靜電原理的影印機

這是真的！因為靜電的關係，影印機中多數的碳粉會被深色的區域吸引。影印機利用電荷讓碳粉只會停留在影印紙上要印上深色的區域，不會停在空白的地方。

💡 **為什麼會這樣？**

用梳子梳頭髮會讓梳子產生負電荷。所以當梳子靠近玉米片圈圈時，不帶電荷的玉米片圈圈會被梳子吸引而接觸到梳子，這時，負電荷也會從梳子傳導到玉米片圈圈上。於是，這時都帶著負電荷的梳子與玉米片圈圈會因為相斥而彈開。

329. 梳出火花

所需時間： 10分鐘　　　　難易程度：▬ ▬ ▬

所需用具：

梳子　　　　　金屬門把　　　　　羊毛衣物

實驗步驟：

步驟1. 在乾燥的日子，以快速梳理頭髮的方式為梳子「充電」。

步驟2. 接著來到漆黑的房間，握住梳子的尾端靠近金屬門把，讓梳子前端停在距門把半公分處。

步驟3. 你將會看到梳子與門把中間跳出小小的火花。

💡 **為什麼會這樣？**

用梳子梳理頭髮會產生靜電，因而出現火花。

330. 產生靜電

所需時間： 15分鐘　　　　難易程度：▬ ▬ ▬

所需用具：

唱片　　　　　羊毛衣物　　　　白膠　　　金屬罐蓋　　　　木尺

實驗步驟：

步驟1. 用白膠將木尺固定在金屬罐蓋上。

步驟2. 以羊毛衣物摩擦唱片15秒鐘。

步驟3. 握住木尺，讓金屬罐蓋碰觸到唱片。

步驟4. 用另一隻手的手指同時碰觸金屬罐蓋和唱片。

步驟5. 你會看到小火花。

💡 **為什麼會這樣？**

使用羊毛衣物摩擦唱片會讓唱片帶有靜電。當你碰觸它時，靜電就會激出火花。

331. 靜電花

所需時間： 🕐 15分鐘　　　　**難易程度：** ▬ ▬ ▬

所需用具：

氣球　　　鐵絲　　　衛生紙　　　鉛筆　　　膠帶　　　剪刀

實驗步驟：

步驟1. 在鐵絲兩端繞個小圈圈。

步驟2. 用衛生紙剪出4個長條，接著用鉛筆將4個衛生紙條戳進鐵絲其中一端小圈圈中，直到衛生紙的兩
端等長。

步驟3. 接著用膠帶把鉛筆貼在鐵絲中間點做為把手。

步驟4. 吹顆氣球並把氣球放在頭髮上摩擦以產生靜電。

步驟5. 用手握住鉛筆，並用氣球碰觸鐵絲上沒有衛生紙條的那一端。

步驟6. 會發現衛生紙條像「花瓣」般立起來。

生活周遭的科學

用於汽車噴漆的靜電

為了確保車子能夠均勻上漆，且車漆在高速行駛中不會脫落，就需要應用到靜電。金屬車身會浸在某種物質中，讓車身帶有正電荷，並使用噴漆方式來上漆，讓車漆帶有負電荷。如此就能利用異性電荷相吸的原理，讓車漆牢牢附在車身上。

💡 為什麼會這樣？

氣球上的電荷經由鐵絲傳遞至衛生紙條上。因為每條衛生紙都帶有相同電荷，所以它們彼此會相互排斥，往不同的方向立起。

332. 跳舞娃娃

所需時間： 15分鐘　　難易程度： ■ ■ ■

所需用具：

| 衛生紙 | 剪刀 | 桌子 | 絨布 | 2本厚書 | 玻璃片 |

實驗步驟：

步驟1. 用剪刀從衛生紙上剪下2個人形娃娃。

步驟2. 將2本書間隔擺在桌上，並在書上方鋪上玻璃片。

步驟3. 將2個娃娃放在玻璃片下及書本之間的空隙中。

步驟4. 使用絨布摩擦玻璃，會看到娃娃跳起舞來。

 為什麼會這樣？

帶有電荷的玻璃會吸引未帶電荷的人形娃娃，所以人形娃娃就會站起來了。當人形娃娃站起來接觸到玻璃時會接收到玻璃傳來的電荷，就與玻璃帶有相同電荷而產生互斥現象，這時娃娃又會倒下。

333. 旋轉十字架

所需時間： 15分鐘　　難易程度： ■ ■ ■

所需用具：

| 玻璃杯 | 軟木塞 | 羊毛衣物 | 紙 | 縫衣針 | 剪刀 |

實驗步驟：

步驟1. 從紙上剪下一個十字形紙片。

步驟2. 將縫衣針刺進軟木塞中，並將十字紙片輕輕平衡放在針頭上，接著小心用玻璃杯用手壓好杯子後罩住紙片、縫衣針與軟木塞。

步驟3. 用羊毛衣物摩擦玻璃杯，就會看到十字紙片旋轉起來。

 為什麼會這樣？

使用羊毛衣物摩擦玻璃杯，會讓杯子帶有負電荷，造成紙片與杯子互斥，而讓紙片旋轉。

334. 帶電紙片

所需時間： 10分鐘　　　**難易程度：** ▬ ▬ ▬

所需用具：

紙　　　　　　　　長木尺　　　　　　　椅子

實驗步驟：

步驟1. 將長木尺平衡擺放在椅背頂端。
步驟2. 用紙摩擦頭髮，然後將紙放在尺的正下方。
步驟3. 無需碰觸到尺，尺就會傾斜了。

💡 **為什麼會這樣？**

用紙摩擦頭髮，紙就會帶有電荷。再將紙靠近木尺，木尺就會受到紙的吸引而傾斜。

335. 靜電鐘擺

所需時間： 15分鐘　　　**難易程度：** ▬ ▬ ▬

所需用具：

玻璃瓶　2個軟木塞　　　細繩　　　　梳子　　　　銅線

實驗步驟：

步驟1. 用其中一個軟木塞塞住瓶口。
步驟2. 將銅線的一端插入軟木塞中，其餘部分折成與桌面平行。
步驟3. 在銅線的另一端綁條繩子。
步驟4. 在繩子的底部綁一個較小的軟木塞。
步驟5. 用梳子梳頭髮後，再將梳子靠近軟木塞，就可以玩鐘擺
　　　　遊戲了。

💡 **為什麼會這樣？**

梳過頭髮的梳子帶有電荷，所以會吸引小軟木塞。

336. 張開的鋁箔紙片

所需時間：🕐 15分鐘　　　難易程度：▆▆▆

所需用具：

玻璃罐

鋁盤

銅線

鋁箔紙

梳子

實驗步驟：

步驟1. 將銅線折成Z字形。
步驟2. 取一小片鋁箔紙對摺，並將摺線處掛在銅線的一端。
步驟3. 將掛有鋁箔紙的那一端銅線放進玻璃罐中，另一端則掛在罐口。
步驟4. 將鋁盤擺在罐口壓住銅線。
步驟5. 用梳子梳理頭髮後，再拿梳子碰觸露在罐外的銅線。
步驟6. 你會看到原本閉合的鋁箔紙張開了。

💡 **為什麼會這樣？**
帶電的梳子碰觸銅線，會把上頭的電荷傳導到鋁箔紙上。在同性相斥的作用下，帶有同樣電荷的鋁箔紙片就會互斥張開了。

337. 泡泡跳芭蕾

所需時間： 10分鐘　　**難易程度：** ▬▬▬

所需用具：

梳子　　　　泡泡罐　　　　椅子

實驗步驟：

步驟1. 用水沾溼椅面。
步驟2. 用泡泡棒沾泡泡水，在椅子的椅面上吹出一些泡泡。
步驟3. 用梳子梳頭髮，然後用梳子非鋸齒的側邊靠近泡泡。
步驟4. 泡泡會受到梳子的吸引而變成有趣的形狀。

💡 **為什麼會這樣？**
帶電的梳子會吸引泡泡，使得泡泡變形。

338. 神奇魔棒

所需時間： 15分鐘　　**難易程度：** ▬▬▬

所需用具：

鉛筆　　　PVC水管　　　保麗龍薄片　　　羊毛衣物　　　剪刀　　　膠帶

實驗步驟：

步驟1. 從保麗龍薄片上剪下一條長長的保麗龍條。
步驟2. 用膠帶將保麗龍長條兩端黏起接成環狀。
步驟3. 用羊毛衣物摩擦保麗龍環。
步驟4. 用膠帶將鉛筆固定在PVC水管末端。
步驟5. 用包住鉛筆的PVC水管將保麗龍環高高 起。
步驟6. 在保麗龍環落下前，迅速將水管置於其下，保麗龍環會再次升起！

💡 **為什麼會這樣？**
水管帶的靜電荷與保麗龍環所帶的電荷互相排斥。

339. 瓶中精靈

所需時間： 10分鐘　　　難易程度：▬▬▬

所需用具：

塑膠瓶　　　　小保麗龍球

實驗步驟：

步驟1. 在塑膠瓶中裝入少量的小保麗龍球。
步驟2. 將塑膠瓶放在頭髮上摩擦。
步驟3. 將塑膠瓶放倒，用手快速滑過瓶身，會看到小保麗龍球跳離手摸過的地方。

 為什麼會這樣？
用塑膠瓶摩擦頭髮會讓塑膠瓶帶電。電荷會從塑膠瓶傳導到保麗龍球上。接下來因為手上也帶有同樣的電荷，所以保麗龍球會跳開。

340. 神聖的氣球

所需時間： 10分鐘　　　難易程度：▬▬▬

所需用具：

剪刀　　　　羊毛衣物　　　　塑膠袋　　　　氣球

實驗步驟：

步驟1. 從塑膠袋的開口剪下一圈塑膠環。
步驟2. 吹大氣球並綁緊。
步驟3. 拿羊毛衣物摩擦氣球45秒鐘。
步驟4. 壓平塑膠環並用羊毛衣物摩擦。
步驟5. 將塑膠環放在氣球上方30公分處後放開。塑膠環會浮在氣球上方，像是神聖的光圈！

 為什麼會這樣？
用羊毛衣物摩擦塑膠環及氣球會讓它們帶有相同電荷，彼此間就會相互排斥。

341. 旋轉火柴棒

所需時間： 15分鐘　　難易程度：▬▬▬

所需用具：

2枚錢幣　　火柴棒　　塑膠杯　　氣球

實驗步驟：

步驟1. 將一枚錢幣平放桌上，另一枚平衡立在它上方。
步驟2. 將火柴棒平衡置於立起的錢幣上方（可能需嘗試數次）。
步驟3. 小心的用塑膠杯罩住錢幣及火柴棒。
步驟4. 吹大氣球並綁緊。
步驟5. 將氣球放在頭髮上摩擦後，拿近塑膠杯。
步驟6. 你會看到火柴棒跟著氣球轉動。

 為什麼會這樣？

將氣球放在頭髮上摩擦，會讓氣球產生負電荷。不帶電的火柴棒會受到氣球的吸引，所以火柴棒會「跟著」氣球轉動。

342. 製造閃電

所需時間： 10分鐘　　難易程度：▬▬▬

所需用具：

氣球　　毛衣　　金屬板

實驗步驟：

步驟1. 吹大氣球綁好並帶著金屬板到漆黑的房間中。
步驟2. 用毛衣快速摩擦氣球。
步驟3. 把氣球拿近金屬板。
步驟4. 氣球與金屬板之間會出現火花。

 為什麼會這樣？

本實驗用毛衣摩擦氣球產生靜電，靠近金屬板所產生的火花，就如同閃電的過程一樣，雖然規模要小得多了。

343. 氣球吸引力

所需時間： 🕐 10分鐘　　　　**難易程度：** ▬ ▬ ▬

所需用具：

2顆氣球　　　　　　　細繩　　　　　　羊毛織品

實驗步驟：

步驟1. 吹起2顆氣球並用繩子綁緊。

步驟2. 兩手分別拿起1顆氣球的繩子。手拿繩子的位置距氣球綁緊處約3公分。注意這時氣球為電中性還未帶有電荷。

步驟3. 接著用羊毛織品摩擦其中一顆氣球。

步驟4. 你會看到氣球開始互相吸引。

步驟5. 再用羊毛織品摩擦另一顆氣球。

步驟6. 會看到2顆氣球互相排斥。

💡 **為什麼會這樣？**

2顆氣球被摩擦之前，都是不帶電荷的電中性，不會相互吸引也不會相互排斥。當其中一顆氣球被摩擦後，它就帶有電荷。而另一顆氣球仍不帶電，所以2顆氣球會相吸。但當2顆氣球都被摩擦後，它們就帶有相同的電荷，於是產生互斥的現象。

344. 發亮的氣球

所需時間： 10分鐘　　**難易程度：** ▆▆▆

所需用具：

燈泡　　　氣球

實驗步驟：

步驟1. 在漆黑的房間裡，把氣球放在頭髮上摩擦5分鐘。

步驟2. 拿氣球碰觸燈泡。

步驟3. 這時你會看到火花。

 為什麼會這樣？

帶有電荷的氣球碰觸燈泡時，電子會從氣球轉移到燈泡上，冒出小小的火花。

345. 點亮燈管

所需時間： 10分鐘　　**難易程度：** ▆▆▆

所需用具：

燈管　　　氣球

實驗步驟：

步驟1. 吹起氣球並綁緊。

步驟2. 將氣球及燈管帶到漆黑的房間。

步驟3. 拿氣球摩擦燈管。

步驟4. 接著把氣球放在燈管一端的接頭。

步驟5. 燈管會亮起來。

為什麼會這樣？

燈管末端的接頭對於電流十分敏感，它一接觸到因摩擦而帶有電荷的氣球時，就會讓燈管亮起。

346. 氣球中的小氣球

所需時間： 10分鐘　　　　　**難易程度：** ▄▄▃▂▄

所需用具：

小保麗龍球　　　　　　　氣球

實驗步驟：

步驟1. 將小保麗龍球塞進氣球中。
步驟2. 吹大氣球並綁緊。
步驟3. 將氣球放在頭髮上摩擦。
步驟4. 觀察氣球中的小保麗龍球四處跳躍！

💡 **為什麼會這樣？**

靜電在氣球上四處跳動時會吸引小保麗龍球附著到氣球上，接著小保麗龍球因接收到氣球壁上的電荷而與氣球產生互斥，就造成小保麗龍球四處跳躍了。

347. 靜電幽靈

所需時間： 20分鐘　　　　　**難易程度：** ▄▄▄▂▄

所需用具：

2本厚書　　甘油（或植　水彩筆　　　玻璃片　　　衛生紙　　　羊毛織物
　　　　　　物油）

實驗步驟：

步驟1. 用水彩筆沾些甘油在玻璃片上畫張臉。
步驟2. 將2本書間隔擺放在桌上後，把玻璃片畫臉那面朝下架在兩
　　　　本書上，注意別讓甘油沾到書。
步驟3. 將衛生紙撕成小碎片，置於玻璃片下。
步驟4. 以羊毛織品摩擦玻璃片，原本隱形的臉就會浮現出來！

💡 **為什麼會這樣？**

靜電讓衛生紙吸附在玻璃片上，而甘油則讓衛生紙黏在玻璃片上，這樣就能看到先前畫出的臉形。

第 18 章
電流

電原理實驗

今日我們認為理所當然的每樣東西，幾乎都得有電才能運作。電視、電腦、電話、電燈與電風扇——每樣東西都需要電才能運轉。

電就是電子持續流動所產生。在本章中，你將會學到很多電的基本原理。

要記住電具有危險性，一定要有大人的陪同才能進行這類實驗。

348. 電導體

所需時間： 🕐 15分鐘　　　　**難易程度：** ▬ ▬ ▬

所需用具：

| 電池 | 手電筒燈泡 | 鋁箔紙 | 錢幣 | 膠帶 | 剪刀 | 夾子 |

實驗步驟：

步驟1. 用剪刀剪下2條60公分長的鋁箔紙條。

步驟2. 將2條鋁箔紙條分別用膠帶黏在電池的兩端。再將其中一條鋁箔紙條的另一端纏繞在燈泡的基座上。

步驟3. 用夾子將鋁箔紙條與燈泡基座固定住。

步驟4. 將錢幣銜接另一條鋁箔紙條後，再將錢幣置於燈泡基座下並接觸到基座底部。這時燈泡就會亮了！

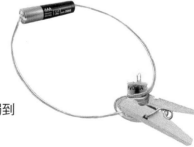

💡 **為什麼會這樣？**

有些物質容易導電，有些則不。錢幣讓電流通過而形成通路。

349. 簡易馬達

所需時間： 🕐 20分鐘   **難易程度：** ▬▬▬

所需用具：

電池   3塊釹磁鐵（強   銅線
       力磁鐵）

實驗步驟：

步驟1. 將3塊釹磁鐵疊起。

步驟2. 在疊好的磁鐵上方擺放電池。

步驟3. 如圖所示，用銅線纏繞釹磁鐵後，向上折起接到電池的正極。

步驟4. 這時銅線會開始轉動。

💡 **為什麼會這樣？**

電流會通過銅線，磁鐵的南北極與電流持續產生相吸與相斥作用，使得銅線旋轉。

350. 錢幣發電

所需時間： 🕐 15分鐘   **難易程度：** ▬▬▬

所需用具：

檸檬   衛生紙   碗   銅幣與不鏽鋼錢幣

實驗步驟：

步驟1. 擠些檸檬汁到碗中。將衛生紙裁成多個鐵幣大小，然後放進碗中浸溼。

步驟2. 將5個銅幣與5個不鏽鋼錢幣交互疊起，錢幣之間都放1張浸過檸檬汁的衛生紙片。

步驟3. 將食指與大拇指沾溼後，拿起堆疊的錢幣，你會覺得手有點麻麻的！

💡 **為什麼會這樣？**

2種不同的錢幣帶有不同的電荷。檸檬汁為酸性物質，所以會導電。將錢幣交叉疊起，即可累積電荷到足以給人些微觸電的感覺。

351. 迴紋針開關

所需時間： 30分鐘　　難易程度：▃▃▇

所需用具：

| 膠帶 | 燈泡含燈座 | 3條電線 | 1顆1號電池 | 1枚大型迴紋針 | 硬紙盒 | 2枚圖釘 |

實驗步驟：

步驟1. 在3條電線的兩端各移除約1公分左右的絕緣層。

步驟2. 將第一條電線的一端以膠帶固定在電池的正極，另一端則纏繞在圖釘下後釘入紙盒。

步驟3. 將第二條電線的一端纏繞在燈泡基座的一個接點上，另一端則接到電池的負極用膠帶貼好。

步驟4. 將第三條電線的一端纏繞在燈泡基座的另一個接點上，另一端纏繞在圖釘下連同迴紋針的一端固定在紙盒上。

步驟5. 將迴紋針的另一端置於另一枚圖釘旁邊。

步驟6. 當迴紋針的另一端碰觸到圖釘頂端時，燈泡會亮起來。迴紋針可做為燈座的開關。

 為什麼會這樣？

在本實驗中，用來建立通路的材料都是良好的導體，因此能讓電流自由流動。電流提供能量，於是燈泡就會亮起來。

352. 電池復活

所需時間： 1小時　　**難易程度：** ▬▬▬

所需用具：

沒電的乾電池　鹽　玻璃罐　抹布　手電筒　水　大頭針　湯匙

實驗步驟：

步驟1. 用大頭針在乾電池頂部刺幾個小洞。

步驟2. 將水注入罐中至半滿，接著將鹽倒入水中，鹽的分量控制在用湯匙攪拌仍有少量不能溶解。

步驟3. 將電池放進鹽水裡。約1個小時後取出電池，用抹布擦乾。

步驟4. 接著將電池放進手電筒中，就會看到手電筒亮起來。

為什麼會這樣？

電池沒電時，就表示電池中的「電解質」溶液乾掉了。鹽水是種電解質溶液的替代品。所以把電池浸在鹽水中，鹽水就能代替電解質溶液，讓電池再度擁有電力。（注：若在刺洞時發現電池液漏出而沾到手，請盡快用清水清洗。）

353. 製冰盒電池

所需時間： 15分鐘　　**難易程度：** ▬▬▬

所需用具：

     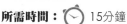

蒸餾過的白醋　5條銅線　5根鍍鋅釘　製冰盒　1顆5mm的LED燈

實驗步驟：

步驟1. 用5條銅線的一端分別纏繞住每根鋅釘，另一端預留一段約5公分長的銅線。

步驟2. 將白醋倒入製冰盒中相鄰的6小格中。將所有釘子放入小格中，並如圖將預留的銅線插入相鄰的一格中。

步驟3. 如圖將LED燈的其中一隻腳置入最左端裡有鍍鋅釘的小格中，另一隻腳置入最左端只有銅線的小格中。如果燈沒亮，把就LED燈的2隻腳換邊再試一次。（注：因為LED燈的2隻腳有正負極之分，擺反了燈不會亮。）

為什麼會這樣？

電池是將2種不同的金屬置入酸性溶液中所組成。本實驗所使用的2種金屬為鋅（鍍鋅釘）及銅（銅線），並以白醋做為酸性溶液。電流會經由酸性溶液從銅線流往鍍鋅釘。

354. 發光的筆芯

所需時間： 30分鐘　　難易程度：▬ ▬ ▬

所需用具：

| 電工膠帶 | 紙筒 | 玻璃罐 | 2副鱷魚夾 | 8顆1號電池 | 美工刀 |

鋁箔盤　　0.5mm自動鉛
筆筆心

實驗步驟：

步驟1. 用膠帶將8顆1號電池以正負極相接的串聯方式固定在一起。

步驟2. 用美工刀將硬紙筒切短至約玻璃罐一半的高度。

步驟3. 將剪好的紙筒立在桌面上，使用膠帶將其中一個鱷魚夾的負極與另一個鱷魚夾的正極固定在硬紙筒的兩端。

步驟4. 小心的將自動鉛筆筆芯橫接在兩個鱷魚夾之間。

步驟5. 用玻璃罐罩住立起的硬紙筒。

步驟6. 將2個鱷魚夾的另一端分別接到電池組的兩端。

步驟7. 一會兒，筆芯就會開始發光冒煙。

💡 **為什麼會這樣？**

將鱷魚夾兩端接到電池組上就完成了通路。電流會將筆芯加熱至極高溫，讓它發光並且冒煙。

355. 亮起來

所需時間： 20分鐘　　　　**難易程度：** ▄▃▃

所需用具：

1顆1號電池　　手電筒燈泡　　13公分絕緣電線　　　電工膠帶　　　　美工刀

實驗步驟：

步驟1. 用美工刀刮去電線兩端約2公分的絕緣外層。

步驟2. 將電線其中一端露出的金屬線緊繞在燈泡基座的溝槽裡，並且貼上電工膠帶。

步驟3. 將電線另一端的金屬線捲成一圈。

步驟4. 用電工膠帶將剛做好的金屬線圈固定在電池底部。

步驟5. 將電線的其他部分用膠帶黏在電池側邊，方便燈泡基座的底部能夠適當的接觸到電池正極。

開關怎麼作用？

開關作用的方式與本實驗的迴路相似。當開關「打開」時，迴路是連通的。這就是電流流動以及只要打開開關，任何電器都能運作的原因。另一方面，當開關「關上」時，迴路沒有接通，電流停止流動，電器也無法運作。

 為什麼會這樣？

將電線及燈泡連上電池的正負極後，形成通路，電流就可以流動，使電能讓燈泡亮起。

356. 磁力電流

所需時間： 15分鐘　　　難易程度：

所需用具：

120公分絕緣　　指南針　　長條形磁鐵　　美工刀
電線

實驗步驟：

步驟1. 用美工刀刮去電線兩端約2公分的絕緣外層。
步驟2. 如圖將電線中間部分捲成線圈，電線兩端各30公分不要捲起。
步驟3. 將電線兩端露出的銅線接在一起。
步驟4. 將電線放在桌面上，拿起磁鐵持續進出線圈。
步驟5. 同時將指南針靠近線圈，指南針的指針會跳動。

 為什麼會這樣？
電線處於一個移動中的磁場時，電線中就會產生電流。

357. 打電報

所需時間： 15分鐘　　　難易程度：

所需用具：

3伏特燈泡　　6伏特電池　　9公尺絕緣電線　　美工刀

實驗步驟：

步驟1. 將電線剪成2條，兩端各用美工刀刮去約2公分的絕緣外層。
步驟2. 將一條電線的兩端分別接在電池正極與燈泡基座側面上。另一
　　　　條的兩端則接在電池負極與燈泡基座底部，建立起一個長長的通路。
步驟3. 將燈泡與電池分別放在2個不同的房間中。
步驟4. 先與家人或朋友商量好電信密碼，再藉由將電線接上與不接上電池的方式，傳送長短不一的燈
　　　　光信號。你就能與另一個房間裡的人傳送訊息。

 為什麼會這樣？
過去人們曾用電報通訊，本實驗就是依據相同的原理設計。

358. 神祕的畫像

所需時間：🕐 30分鐘　　難易程度：▬ ▬ ▬

所需用具：

| 鉛筆 | 白膠 | 電池 | 鐵屑 | 3塊硬紙板 | 1條絕緣電線 | 剪刀 |

實驗步驟：

步驟1. 用剪刀剪去電線兩端約1公分的絕緣塑膠。

步驟2. 在一塊紙板上畫出一張臉並剪下，將這張畫用白膠貼到另一塊紙板上。

步驟3. 用白膠將電線沿著臉的輪廓黏上。

步驟4. 在電線上也塗上一層白膠後，將最後一塊紙板蓋上黏住。

步驟5. 在紙板上灑些鐵屑，接著將電線兩端分別接上電池的正負極。

步驟6. 輕敲紙板就會看到鐵屑神奇的形成一張臉。

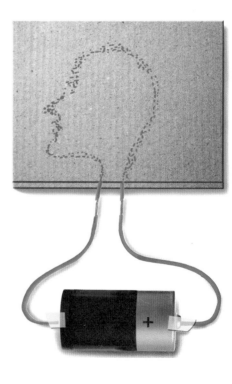

 為什麼會這樣？

將電線連到電池上，形成通路時，會在電線周圍產生磁場，這代表電線會像磁鐵那樣具有磁性，因而能夠吸住鐵屑，讓鐵屑排出臉孔的形狀。

第 19 章
其他有趣的實驗

五花八門的實驗

也許你不相信，但科學就存在你生活周遭。
每件事物都有科學上的解釋──從外太空的
太空站到你現在坐著看這本書都是。
本章沒有特定主題，而是匯集了無法歸納
於其他章節的幾個實驗。

359. 香蕉刺青

所需時間： 15分鐘　　　　**難易程度：** ▬▬≡

所需用具：

香蕉

牙籤

紙

鉛筆

實驗步驟：

步驟1. 拿鉛筆在紙上任意畫個圖騰。
步驟2. 將紙擺在香蕉上，拿牙籤沿著圖樣刺進去。要確定牙籤有刺穿香蕉皮。
步驟3. 等待半小時，香蕉上就會出現圖騰刺青了！

💡 **為什麼會這樣？**

香蕉皮被割傷或碰傷時，就會釋放出「多酚氧化酶」這種酵素。此酵素與空氣反應會變成咖啡色。

360. 氣球烤肉串

所需時間： 15分鐘　　　難易程度：▪▪▪

所需用具：

長竹籤　　　　凡士林　　　氣球

實驗步驟：

步驟1. 吹大氣球並綁緊。

步驟2. 在長竹籤上塗一層凡士林。

步驟3. 從氣球吹口打結處的旁邊，以輕輕轉動的方式將長竹籤插進氣球中。

步驟4. 竹籤從氣球的另一邊穿出後，你就有了一個氣球烤肉串了！

步驟5. 若想從氣球中間平行插進去，就不容易了。

生活周遭的科學

什麼是聚合物？

聚合物是由成千上萬個小分子所組成的長鏈物質。橡膠就是種聚合物，這些分子間的鏈結在拉張時可以延展，讓橡膠可以擴張。不過若是拉力太大，也會造成鏈結斷裂，這就是為何氣球會破掉的原因！

為什麼會這樣？

比起氣球的中間部分，吹口打結處與頂端的部分是氣球皮拉張較小的部位，於是竹籤的尖端就能推開橡膠的分子滑進氣球中。而且因為橡膠分子之間有足夠的「交鏈作用」，所以氣球能維持原狀。

361. 發光的花

所需時間： 3小時　　　　**難易程度：**

所需用具：

螢光筆　　裝水的杯子　　花　　剪刀　　紫外線手電筒

實驗步驟：

步驟1. 打開螢光筆，從筆芯中擠出墨水滴入少量的水中。

步驟2. 用剪刀把花莖直直對半剪開，並將花莖插入步驟1的水中。

步驟3. 2～3小時後拿紫外線手電筒照射花瓣並觀察，會發現花瓣亮了起來。
（注意別拿紫外線手電筒來照人，以免曬傷。）

 為什麼會這樣？

螢光墨水經由毛細作用，全都被往上吸到花瓣處，讓花在紫外線的照射下發亮。

362. 湯匙哈哈鏡

所需時間： 5分鐘　　　　**難易程度：**

所需用具：

亮面湯匙

實驗步驟：

步驟1. 在湯匙的兩面中看看自己的臉龐。

步驟2. 看起來是不是很好笑？

 為什麼會這樣？

湯匙就像帶有弧度的鏡子。湯匙前面是「凹面」，後面為「凸面」。在平面的鏡子上，光是以直線反射，而且方向一致。而在凸面鏡及凹面鏡上，光在反射後的方向不平均。這就是為什麼反射出的成像會很好笑的原因。

363. 泡泡畫

所需時間： 15分鐘　　　**難易程度：** ▬ ▬ ▬

所需用具：

湯匙

吸管　　洗碗精　　水彩顏料　　紙　　杯子　　水

實驗步驟：

步驟1. 將2湯匙（30毫升）水彩顏料、1湯匙（15毫升）水與2湯匙（30毫升）洗碗精倒入杯中。

步驟2. 將吸管插入步驟1的杯子中並對著吸管吹氣，直到整杯的泡泡滿到溢出杯緣。

步驟3. 將紙放在溢出的泡泡上，觀察泡泡在紙上的印痕。

步驟4. 待紙上的泡泡乾燥後，取用另一種顏料重複上述步驟。

 為什麼會這樣？

泡泡的薄膜只有幾微米或幾奈米厚，所以我們看不出泡泡的顏色。但泡泡能將顏色留在紙上，創造出漂亮的印痕。

364. 觀察太陽黑子

所需時間： 30分鐘　　　**難易程度：** ▬ ▬ ▬

所需用具：

圖釘　　防油紙　　鞋盒　　膠帶　　剪刀

實驗步驟：

步驟1. 用大頭針在鞋盒其中一側刺個洞。

步驟2. 用剪刀剪掉跟洞相對的那一面，並貼上防油紙。

步驟3. 用膠帶將鞋盒封好後，將小洞對著太陽，讓太陽的影像落在另一面的防油紙上。

步驟4. 觀看防油紙上的明亮太陽影像中是否可見到黑子。你可以在不同的日子重複此實驗，看看太陽黑子的變化。

為什麼會這樣？

太陽表面的溫度並不全都相同，有些點的溫度低於其他部分，這些點就是「太陽黑子」。

365. 自製再生紙

所需時間： 1天　　　　　難易程度： ▬▬▬

所需用具：

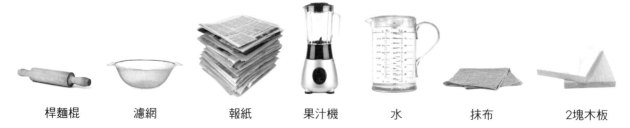

桿麵棍　　濾網　　報紙　　果汁機　　水　　抹布　　2塊木板

實驗步驟：

步驟1. 將報紙放進果汁機中，加點水後打至呈光滑紙漿狀態。

步驟2. 使用濾網除去紙漿中的水分。

步驟3. 將紙糊鋪在乾淨的抹布上，並用桿麵棍壓平整。

步驟4. 在紙上面再鋪一條乾淨的抹布。

步驟5. 將紙連同抹布放在2塊木板之間。

步驟6. 站在木板上將紙壓平。

步驟7. 靜置1晚後，就有再生紙可以用了。

如何大量製造再生紙？

大型造紙廠製造再生紙的基本程序，跟你在家做的這個實驗一樣。唯一的不同處是工廠使用機器製造，工廠使用巨型混合機製造紙漿，並用大型滾平機將紙漿壓平。

💡 **為什麼會這樣？**

紙是使用木頭或植物的長纖維製作而成。製作再生紙即是分離出纖維後再重新排列組合，每再生一次，纖維就會變短，這讓紙的再生次數會有限制。

國家圖書館出版品預行編目資料

天天在家玩科學 / Om Books出版著；蕭秀姍, 黎敏中譯. -- 初版. --
臺北市：商周出版：家庭傳媒城邦分公司發行, 2020.07
　面；　公分. -- (商周教育館；38)
譯自：365 Science experiments

ISBN 978-986-477-861-4(平裝)

1.科學實驗 2.通俗作品

303.4　　　　　　　　　　　　　　　　　109008299

商周教育館 38

天天在家玩科學（暢銷改版）

作　　　　者／Om Books出版
譯　　　　者／蕭秀姍、黎敏中
審　　　　訂／許良榮教授
企 畫 選 書／黃靖卉、羅珮芳
責 任 編 輯／羅珮芳
版　　　　權／吳亭儀、江欣瑜
行 銷 業 務／周佑潔、黃崇華、賴玉嵐
總 　 編 　 輯／黃靖卉
總 　 經 　 理／彭之琬
事業群總經理／黃淑貞
發 　 行 　 人／何飛鵬
法 律 顧 問／元禾法律事務所王子文律師
出　　　　版／商周出版
　　　　　　　台北市104民生東路二段141號9樓
　　　　　　　電話：(02) 25007008　傳真：(02)25007759
　　　　　　　E-mail:bwp.service@cite.com.tw
　　　　　　　Blog：http://bwp25007008.pixnet.net/blog
發 　 　 　 行／英屬蓋曼群島商家庭傳媒股份有限公司城邦分公司
　　　　　　　台北市中山區民生東路二段141號2樓
　　　　　　　書虫客服服務專線：02-25007718、02-25007719
　　　　　　　24小時傳真服務：02-25001990、02-25001991
　　　　　　　服務時間：週一至週五9：30-12：00；13：30-17：00
　　　　　　　劃撥帳號：19863813；戶名：書虫股份有限公司
　　　　　　　讀者服務信箱E-mail：service@readingclub.com.tw
　　　　　　　城邦讀書花園：www.cite.com.tw
香 港 發 行 所／城邦（香港）出版集團有限公司
　　　　　　　香港灣仔駱克道193號東超商業中心1F；E-mail：hkcite@biznetvigator.com
　　　　　　　電話：(852)25086231　傳真：(852)25789337
馬 新 發 行 所／城邦（馬新）出版集團【Cite (M) Sdn Bhd】
　　　　　　　41, Jalan Radin Anum, Bandar Baru Sri Petaling,
　　　　　　　57000 Kuala Lumpur, Malaysia.
　　　　　　　電話：(603) 90563833 傳真：(603) 90576622
　　　　　　　email:service@cite.com.my
封 面 設 計／林曉涵
內 頁 排 版／陳健美
印　　　　刷／中原造像股份有限公司
經 　 銷 　 商／聯合發行股份有限公司
　　　　　　　新北市231新店區寶橋路235巷6弄6號2樓
　　　　　　　電話：(02) 29178022　傳真：(02) 29110053

■2015年 9 月22日初版　　　　　　　　　　　　　　Printed in Taiwan
■2022年10月11日二版3刷
定價450元

城邦讀書花園
www.cite.com.tw

版權所有，翻印必究 ISBN 978-986-477-861-4

Copyright © 2014 by Om Books International, India; Copyright Artworks © Om Books International
Originally published as "365 Science Experiments" in English by Om Books International, 107, Darya Ganj, New Delhi 110002, India
Tel: +911140007000, Email: sales@ombooks.com; Website: www.ombooksinternational.com
Complex Chinese language edition arranged with Om Books, through Jia-Xi Books Co., Ltd., Taiwan, R.O.C.
Complex Chinese translation copyright © 2015,2020 by Business Weekly Publications, a division of Cité Publishing Ltd.
All Rights Reserved.

廣 告 回 函
北區郵政管理登記證
北臺字第000791號
郵資已付，免貼郵票

104　台北市民生東路二段141號2樓

英屬蓋曼群島商家庭傳媒股份有限公司城邦分公司　收

- -

請沿虛線對摺，謝謝！

書號：BUE038　書名：天天在家玩科學（暢銷改版）　編碼：

 商周出版

讀者回函卡

感謝您購買我們出版的書籍！請費心填寫此回函卡，我們將不定期寄上城邦集團最新的出版訊息。

不定期好禮相贈！
立即加入：商周出版
Facebook 粉絲團

姓名：＿＿＿＿＿＿＿＿＿＿＿＿＿＿＿＿＿＿＿＿ 性別：□男　□女

生日：西元＿＿＿＿＿＿年＿＿＿＿＿＿月＿＿＿＿＿＿日

地址：＿＿＿＿＿＿＿＿＿＿＿＿＿＿＿＿＿＿＿＿＿＿

聯絡電話：＿＿＿＿＿＿＿＿＿＿ 傳真：＿＿＿＿＿＿＿＿＿＿

E-mail：

學歷：□ 1. 小學 □ 2. 國中 □ 3. 高中 □ 4. 大學 □ 5. 研究所以上

職業：□ 1. 學生 □ 2. 軍公教 □ 3. 服務 □ 4. 金融 □ 5. 製造 □ 6. 資訊

　　　□ 7. 傳播 □ 8. 自由業 □ 9. 農漁牧 □ 10. 家管 □ 11. 退休

　　　□ 12. 其他＿＿＿＿＿＿＿＿＿＿＿＿＿＿＿＿＿＿

您從何種方式得知本書消息？

　　　□ 1. 書店 □ 2. 網路 □ 3. 報紙 □ 4. 雜誌 □ 5. 廣播 □ 6. 電視

　　　□ 7. 親友推薦 □ 8. 其他＿＿＿＿＿＿＿＿＿＿＿＿＿＿

您通常以何種方式購書？

　　　□ 1. 書店 □ 2. 網路 □ 3. 傳真訂購 □ 4. 郵局劃撥 □ 5. 其他＿＿＿＿

您喜歡閱讀那些類別的書籍？

　　　□ 1. 財經商業 □ 2. 自然科學 □ 3. 歷史 □ 4. 法律 □ 5. 文學

　　　□ 6. 休閒旅遊 □ 7. 小說 □ 8. 人物傳記 □ 9. 生活、勵志 □ 10. 其他

對我們的建議：＿＿＿＿＿＿＿＿＿＿＿＿＿＿＿＿＿＿＿＿＿＿

　　　　　　　＿＿＿＿＿＿＿＿＿＿＿＿＿＿＿＿＿＿＿＿＿＿＿

　　　　　　　＿＿＿＿＿＿＿＿＿＿＿＿＿＿＿＿＿＿＿＿＿＿＿

【為提供訂購、行銷、客戶管理或其他合於營業登記項目或章程所定業務之目的，城邦出版人集團（即英屬蓋曼群島商家庭傳媒（股）公司城邦分公司、城邦文化事業（股）公司），於本集團之營運期間及地區內，將以電郵、傳真、電話、簡訊、郵寄或其他公告方式利用您提供之資料（資料類別：C001、C002、C003、C011 等）。利用對象除本集團外，亦可能包括相關服務的協力機構。如您有依個資法第三條或其他需服務之處，得致電本公司客服中心電話 02-25007718 請求協助。相關資料如為非必要項目，不提供亦不影響您的權益。】

1.C001 辨識個人者：如消費者之姓名、地址、電話、電子郵件等資訊。　　2. C002 辨識財務者：如信用卡或轉帳帳戶資訊。
3.C003 政府資料中之辨識者：如身分證字號或護照號碼（外國人）。　　4.C011 個人描述：如性別、國籍、出生年月日。